重点大学信息安全专业规划系列教材

信息安全数学基础教程
（第2版）

许春香 周俊辉 廖永建 李发根 编著

清华大学出版社
北京

内 容 简 介

本书系统地介绍信息安全技术所涉及的数学知识,包括整除与同余、群、循环群与群的结构、环、多项式环与有限域、同余式、平方剩余、原根与离散对数、椭圆曲线和格理论。

本书语言精练、概念准确、例题丰富,可以作为信息安全专业、计算机专业、通信工程专业本科生和研究生的教材,也可以作为密码学和信息安全领域的教师、科研人员与工程技术人员的参考书。

图书在版编目(CIP)数据

信息安全数学基础教程/许春香等编著. --2 版. --北京:清华大学出版社,2015(2024.8重印)
重点大学信息安全专业规划系列教材
ISBN 978-7-302-37599-9

Ⅰ. ①信…　Ⅱ. ①许…　Ⅲ. ①信息系统—安全技术—应用数学—高等学校—教材　Ⅳ. ①TP309
②O29

中国版本图书馆 CIP 数据核字(2014)第 186542 号

责任编辑:付弘宇　王冰飞
封面设计:常雪影
责任校对:时翠兰
责任印制:杨　艳

出版发行:清华大学出版社
　　　　网　　　址:https://www.tup.com.cn, https://www.wqxuetang.com
　　　　地　　　址:北京清华大学学研大厦 A 座　　　　　邮　　编:100084
　　　　社 总 机:010- 83470000　　　　　　　　　　　　邮　　购:010-62786544
　　　　投稿与读者服务:010-62776969,c-service@tup.tsinghua.edu.cn
　　　　质量反馈:010-62772015,zhiliang@tup.tsinghua.edu.cn
　　　　课件下载:https://www.tup.com.cn, 010-83470236
印 装 者:三河市君旺印务有限公司
经　　销:全国新华书店
开　　本:185mm×260mm　　印　　张:11.25　　　　字　　数:271 千字
版　　次:2008 年 3 月第 1 版　　2015 年 4 月第 2 版　　印　　次:2024 年 8 月第10次印刷
印　　数:6001 ~ 6500
定　　价:34.00 元

产品编号:039747-02

丛书编委会

主　　任：秦志光

副主任：周世杰　郝玉洁

委　　员：

许春香　鲁　力　秦　科　张小松　蒋绍权

刘　明　吴立军　赵　洋　刘　瑶　李发根

禹　勇　廖永建　曾金全　林昌露　汪小芬

程红蓉　聂旭云　龚海刚

顾　　问：张焕国　杨义先　郭　莉

出版说明

由于网络应用越来越普及，信息化的社会已经呈现出越来越广阔的前景，可以肯定地说，在未来的社会中，电子支付、电子银行、电子政务以及多方面的网络信息服务将深入到人类生活的方方面面。同时，随之面临的信息安全问题也日益突出，非法访问、信息窃取，甚至信息犯罪等恶意行为导致信息的严重不安全。信息安全问题已由原来的军事国防领域扩展到整个社会，因此社会各界对信息安全人才有强烈的需求。

信息安全本科专业是 2000 年以来结合我国特色开设的新的本科专业，是计算机、通信、数学等领域的交叉学科，主要研究确保信息安全的科学和技术。自专业创办以来，各个高校在课程设置和教材研究上一直处于探索阶段。但各高校由于本身专业设置上来自于不同的学科，如计算机、通信和数学等，在课程设置上也没有统一的指导规范，在课程内容、深浅程度和课程衔接上，存在模糊不清、内容重叠、知识覆盖不全面等现象。因此，根据信息安全类专业知识体系所覆盖的知识点，系统地研究目前信息安全专业教学所涉及的核心技术的原理、实践及其应用，合理规划信息安全专业的核心课程，在此基础上提出适合我国信息安全专业教学和人才培养的核心课程的内容框架和知识体系，并在此基础上设计新的教学模式和教学方法，对进一步提高国内信息安全专业的教学水平和质量具有重要的意义。

为了进一步提高国内信息安全专业课程的教学水平和质量，培养适应社会经济发展需要的、兼具研究能力和工程能力的高质量专业技术人才。在教育部相关教学指导委员会专家的指导和建议下，清华大学出版社与国内多所重点大学共同对我国信息安全人才培养的课程框架和知识体系，以及实践教学内容进行了深入的研究，并在该基础上形成了"信息安全人才需求与专业知识体系、课程体系的研究"等研究报告。

本系列教材是在课程体系的研究基础上总结、完善而成，力求充分体现科学性、先进性、工程性，突出专业核心课程的教材，兼顾具有专业教学特点的相关基础课程教材，探索具有发展潜力的选修课程教材，满足高校多层次教学的需要。

本系列教材在规划过程中体现了如下一些基本组织原则和特点。

(1) 反映信息安全学科的发展和专业教育的改革,适应社会对信息安全人才的培养需求,教材内容坚持基本理论的扎实和清晰,反映基本理论和原理的综合应用,在其基础上强调工程实践环节,并及时反映教学体系的调整和教学内容的更新。

(2) 反映教学需要,促进教学发展。教材要适应多样化的教学需要,正确把握教学内容和课程体系的改革方向,在选择教材内容和编写体系时注意体现素质教育、创新能力与实践能力的培养,为学生知识、能力、素质协调发展创造条件。

(3) 实施精品战略,突出重点。规划教材建设把重点放在专业核心(基础)课程的教材建设上;特别注意选择并安排一部分原来基础比较好的优秀教材或讲义修订再版,逐步形成精品教材;提倡并鼓励编写体现工程型和应用型的专业教学内容和课程体系改革成果的教材。

(4) 支持一纲多本,合理配套。专业核心课和相关基础课的教材要配套,同一门课程可以有多本具有各自内容特点的教材。处理好教材统一性与多样化,基本教材与辅助教材、教学参考书,文字教材与软件教材的关系,实现教材系列资源的配套。

(5) 依靠专家,择优落实。在制定教材规划时,依靠各课程专家在调查研究本课程教材建设现状的基础上提出规划选题。在落实主编人选时,要引入竞争机制,通过申报、评审确定主编。书稿完成后认真实行审稿程序,确保出书质量。

繁荣教材出版事业,提高教材质量的关键是教师。建立一支高水平的、以老带新的教材编写队伍才能保证教材的编写质量,希望有志于教材建设的教师能够加入到我们的编写队伍中来。

重点大学信息安全专业规划系列教材
联系人:魏江江 weijj@tup. tsinghua. edu. cn

丛 书 序

　　随着信息技术与产业的快速发展,信息和信息系统已经成为现代社会中最为重要的基础资源之一。人们在享受信息技术带来的便利的同时,诸如黑客攻击、计算机病毒泛滥等信息安全事件也层出不穷,信息安全的形势是严峻的。党的十八大明确指出要"高度关注海洋、太空、网络空间安全"。加快国家信息安全保障体系建设,确保我国的信息安全,已经成为我国的国家战略。而发展我国信息安全技术与产业对于确保我国信息安全具有重要意义。

　　信息安全作为信息技术领域的朝阳产业,亟需大量的高素质人才。但与此相悖的是,目前我国信息安全技术人才的数量和质量远不能满足社会的实际需求。因此,培养大量的高素质、高技术信息安全专业人才已成为我国本科高等工程教育领域的重要任务。

　　信息安全是一门集计算机、通信、电子、数学、物理、生物、法律、管理和教育等学科知识为一体的交叉型新学科。探索该学科的培养模式和课程设置是信息安全人才培养的首要问题。为此,电子科技大学计算机科学与工程学院信息安全专业的专家学者和工作在教学一线的老师们,以我国本科高等工程教育人才培养目标为宗旨,组织了一系列信息安全的研讨活动,认真研讨了国内外高等院校信息安全专业的教学体系和课程设置,在进行了大量前瞻性研究的基础上,启动了"高等院校本科信息安全专业系列教材"的编写工作。该套系列教材由《信息安全概论》、《计算机系统与网络防御技术》、《PKI原理与技术》、《网络安全协议》、《信息安全数学基础》、《密码学基础》等构成。全方位、多角度地阐述信息安全技术的原理,反映当代信息安全研究发展的趋势,突出实践在高等工程教育人才培养中的重要性,为该套丛书的最大特点。

　　感谢电子科技大学信息安全专业的老师们为促进我国高等院校信息安全专业建设所付出的辛勤劳动,相信这套教材一定会成为我国高等院校信息安全人才培养的优秀教材。同时希望电子科技大学的教师们继续努力,培养出更多、更优秀的信息安全人才,编写出更多、更好的信息安全教材,为推动我国信息安全事业的发展做出更大的贡献。

张焕国 教授
武汉大学计算机学院
空天信息安全与可信计算教育部重点实验室

前言

信息安全技术的核心是密码学，信息安全数学基础是学习密码学所必需的数学基础知识，包括近世代数和初等数论。由于信息安全技术在现代社会的快速发展和广泛应用，信息安全数学基础也得到了普遍重视。

信息安全数学基础包含的都是抽象的数学内容，它概念多，结论（定理）多，而且概念一般都没有物理意义，这对初学者来说是一个挑战。我们在编写本书时只选取了最基本、最必需的内容，力图使用简单清晰的语言来描述抽象的内容。我们认为，只要反复研习，再抽象的内容也能变得具体起来，变得容易把握。

近世代数和初等数论本是两门课程，以前只为数学专业开设，一般是先学习初等数论，再学习近世代数。信息安全数学基础将这两门课程融合成一门课程，这就存在它们能不能够融合和怎么融合两个问题。近世代数与初等数论的关联性很强。例如，整除与同余既是数论的开端，也是近世代数的预备知识。因此，这两门课程是能够融合的，而且融合也是它们共同作为信息安全技术数学基础的客观需求。对于信息安全专业的学生来说，分别完整学习近世代数和初等数论这两门课程内容显得过多，耗时耗力，而在一门课程里同时包含近世代数和初等数论中的必要内容，既满足要求，又高效实用。那么如何融合近世代数和初等数论呢？有两种方法，第一种方法是按照传统的思路，先引入数论，再引入近世代数，在了解剩余类、剩余系、原根等概念的基础上再学习近世代数的群、环和域知识；第二种方法是先引入近世代数，再引入数论，先建立群、环和域的框架后，再学习数论，尽量将数论的内容纳入到群、环和域的框架中。这两种选择各有合理之处，数论先于近世代数发展起来，因此第一种方法符合其自然发展过程，数论知识也有助于近世代数的学习；而第二种方法融合性较好，将两部分内容汇合成一个整体。

本书采取第二种方法，即先建立群、环和域的框架后，再引入数论知识。在数论部分，尽量将群、环和域的结论应用到数论之中。

全书共 10 章。第 1 章介绍整除的概念与性质、互素与素数和同余的定义，这一章是初等数论和近世代数的基础。第 2 章讨论群的定义、子群的定义及其判定方法、同构和同态的基本概念和变换群与置换群性质。第 3 章介绍一类特殊的群——循环群,并在此基础上介绍剩余类群、子群的陪集和正规子群与商群。第 4 章首先介绍环的概念与子环的判定条件,然后介绍 3 种特殊的环——整环、除环和域,最后介绍环的同态与同构、商环和理想。第 5 章描述多项式环和有限域,这些知识在密码学中具有重要的应用价值。第 6 章介绍剩余系的概念、同余式的概念、中国剩余定理和素数模同余式。第 7 章讨论平方剩余的概念以及判定平方剩余的两个重要工具——勒让德符号和雅可比符号,给出求模 p 平方根的方法。第 8 章讨论指数和原根的概念、原根存在的判定方法和求法及其离散对数的概念。第 9 章介绍椭圆曲线的基本概念、椭圆曲线的运算和除子,这章知识为学习椭圆曲线密码体制提供了方便。第 10 章介绍格理论,包括格的定义、正交化、格中的困难问题和高斯约减算法与 LLL 算法,这章知识对于学习基于格的密码体制是非常有用的。

本书可以作为信息安全专业、计算机专业、通信工程专业本科生和研究生的教材,也可以作为密码学和信息安全领域的教师、科研人员与工程技术人员的参考书。

本书是在作者编写的《信息安全数学基础》(电子科技大学出版社)的基础上进行修订完成的。主要修订的部分为第 1 章、第 7 章和第 8 章。此外,新增加了第 9 章和第 10 章的内容。

作者衷心感谢郝玉洁老师及清华大学出版社的编辑,没有他们的大力支持,本书不可能呈现在读者面前。最后衷心感谢电子科技大学计算机学院领导和同事们在本书编写中给予的支持和帮助。

编　者

2014 年 12 月于成都

CONTENTS

目录

整除与同余   第1章

人们对数的认识可以追溯到最初的自然数,随着对自然界认识的不断深入,就有了整数的概念。在初等数论中,读者已经对整数和素数等知识进行了学习。随着学习的深入,有必要重新系统、深入地学习和讨论整数的整除、素数等概念。本章将深入讨论整除、互素和素数的概念,同时还要对同余等概念进行介绍,为后面的学习奠定基础。

1.1   整除

在本节中探讨整数的一些基本概念和性质。设整数 $Z=\{\cdots,-2,-1,0,1,2,\cdots\}$,下面介绍整数的一些性质,首先给出整除的定义。

定义 1-1   设 a、b 是任意两个整数,其中 $b\neq0$,如果存在一个整数 q,使

$$a=qb \tag{1-1}$$

则称 b 整除 a,或 a 被 b **整除**,记为 $b|a$,此时称 b 是 a 的**因子**,a 是 b 的**倍数**。反之,a 不被 b **整除**,记为 $b\nmid a$。

例 1-1 $3|39$,$84\nmid254$,$256|5376$。

例 1-2   设 a 是整数,且 $a\neq0$,则 $a|0$。

为了更好地理解整除的性质,这里给出整除的 3 个基本定理。

定理 1-1   设 a、b、c 是整数。

(1) 如果 $b|a$ 且 $a|b$,则 $b=a$ 或 $b=-a$。

(2) 如果 $a|b$ 且 $b|c$,则 $a|c$。

(3) 如果 $c|a$ 且 $c|b$,则 $c|ua+vb$,其中 u、v 是整数。

(4) 如果 $c|a_1$、$\cdots$、$c|a_k$,则对任意整数 u_1、$\cdots$、u_k 有 $c|(u_1a_1+\cdots+u_ka_k)$。

事实上,由于考虑的是所有整数,因此包括了负数,所以性质(1)表明在考虑问题时不要局限于正整数;而性质(2)是整除的传递性;性质(4)是性质(3)的推广。

证明:对于这 4 个基本的整数性质,从定义出发就能得到结论。

(1) 因为 $b|a$,由整除的定义,则存在整数 q_1 使得

$$a = q_1 b$$

又因为 $a|b$,则同理得到,存在整数 q_2 使得

$$b = q_2 a$$

于是

$$a = q_1 b = q_2 q_1 a$$

由于 a 非零,因此有 $q_2 q_1 = 1$。又因为 q_1、q_2 是整数,则

$$q_2 = q_1 = 1 \quad 或 \quad q_2 = q_1 = -1$$

故

$$b = a \quad 或 \quad b = -a$$

(2) 因为 $a|b$,则存在整数 q_1,使得

$$b = q_1 a$$

又因为 $b|c$,则存在整数 q_2,使得

$$c = q_2 b$$

所以有

$$c = q_2 b = q_2 q_1 a = qa,其中 q = q_2 q_1$$

由整除的定义,有 $a|c$。

(3) 因为 $c|a$ 和 $c|b$,则分别存在整数 q_1 和 q_2,使得

$$a = q_1 c, \quad b = q_2 c$$

所以对任意的整数 u、v,有

$$ua + vb = uq_1 c + vq_2 c = (uq_1 + vq_2)c$$

由整除的定义,有 $c|ua + vb$。

(4) 由于证明与性质(3)类似,这里就不重复了,读者可以自己证明。

除了这 4 个性质定理,还可以从整除的定义得到以下一些简单而有趣的事实。

(1) 0 是任何非零整数的倍数。

(2) ± 1 是任何整数的因子。

(3) 任何非零整数 a 是其自身的倍数。

两个整数除了整除关系外,还有一种关系就是不整除。而当两个整数不能整除时,经常会接触到的方法就是带余除法。

定义 1-2 对于 a、b 两个整数,其中 $b \neq 0$,则 $a = bq + r, 0 \leqslant r < |b|$。其中 r 称为 a 被 b 除得到的**余数**。显然当 $r = 0$ 时,$b|a$。

注:在带余数除法中,要求余数 r 必须大于等于 0 且小于 b 的绝对值。如果没有这个条件,对任意的整数 k,等式 $a = b(q-k) + (r+kb)$ 总是成立,那么带余除法的表示就不唯一,即能得到不同的 q 和 r。

例 1-3 (1) $a = -347, b = 5$,则

$$-347 = (-70) \times 5 + 3, \quad r = 3$$

(2) $a = 131, b = -5$,则

$$131 = (-26) \times (-5) + 1, \quad r = 1$$

(3) $a = 86\,794, b = -265$,则

$$86\,794 = (-327) \times (-265) + 139, \quad r = 139$$

定义 1-3

(1) 设 a、b 是两个整数,如果整数 $c|a$ 且 $c|b$,则 c 称为 a、b 的公因子。

(2) 设 $c>0$ 是两个不全为零的整数 a、b 的公因子,如果 a、b 的任何公因子都整除 c,则 c 称为 a、b 的**最大公因子**,记为 $c=(a,b)$,或者 $c=\gcd(a,b)$。

注:在(2)里面要求 a、b 的任何公因子都整除 c,这就说明了 c 的绝对值是公因子里面最大的,又要求 $c>0$,所以 c 一定是 a、b 的公因子里最大的一个,且唯一。

定理 1-2　由最大公因子的定义,能得到如下的结论。

(1) $(a,b)=(-a,b)=(a,-b)=(-a,-b)$。

(2) $(0,a)=|a|$。

由于定理的证明可以用最大公因子的定义简单推导,在此就不证明了。

例 1-4　2、5、7 是 140、-210 的公因子,同样的,-2、-5、-7 是 140、-210 的公因子。140、210 的最大公因子 $(140,-210)=70$。

在此能注意到 140 和 -210 的任何公因子也是 -70 的因子,但它们的最大公因子是 70,这就是为什么在定义中要求两个数的最大公因子 $c>0$ 这个条件。

已知两个整数 a、b,求它们的最大公因子,最直观也是最简单的方法就是通过分解它们再找公因子和最大公因子。

例 1-5　设整数 $a=-2^3\times5^2\times7^3,b=2^5\times5\times7$,则最大公因子 $(a,b)=(-a,b)=2^3\times5\times7=280$。

但是当整数和其因子很大时,则没有好的方法来对整数进行分解(分解一个非常大的整数被认为是很困难的问题),因此需要比较高效的方法——**欧几里得除法**(又称**辗转相除法**)。由定义 1-3 和定理 1-2 可以知道,整数的正负性是不影响它们的因子和公因子的,也就不影响两个整数的最大公因子。因此在使用欧几里得除法时只考虑计算两个正整数的最大公因子。

设 a、b 是两个正整数,记 $r_0=a,r_1=b$,于是有:

$$r_0 = q_1 r_1 + r_2, \qquad 0 \leqslant r_2 < r_1$$
$$r_1 = q_2 r_2 + r_3, \qquad 0 \leqslant r_3 < r_2$$
$$\vdots$$
$$r_{l-2} = q_{l-1} r_{l-1} + r_l, \quad 0 \leqslant r_l < r_{l-1}$$
$$r_{l-1} = q_l r_l$$
$$r_l = (a,b)$$

欧几里得除法是非常高效的算法,下面证明欧几里得除法的正确性。

定理 1-3　设 a、b 是正整数,使用欧几里得除法计算得到 r_l,则 r_l 是 a、b 的最大公因子。

证明:

(1) 首先证明 r_l 是 a、b 的公因子。

从等式 $r_{l-1}=q_l r_l$ 中得到 $r_l|r_{l-1}$,即 r_l 整除 r_l 和 r_{l-1},是 r_l 和 r_{l-1} 的公因子;

从等式 $r_{l-2}=q_{l-1}r_{l-1}+r_l$ 中得到 $r_l|r_{l-2}$,即 r_l 整除 r_{l-1} 和 r_{l-2},是 r_{l-1} 和 r_{l-2} 的公因子;

$\vdots$

因此,r_l 整除 r_1、r_0,所以 r_l 是 a、b 的公因子。

(2) 其次证明 r_l 是 a、b 的最大公因子,即证明 a、b 的任意公因子都是 r_l 的因子。

如果 d 是 a、b 的任意公因子,根据定理 1-1 的第 3 个性质,从等式 $r_0=q_1r_1+r_2$ 中得到 $d|r_2$,即 d 整除 r_1 和 r_2;同理,d 整除 r_3、$\cdots$、r_{l-2}、r_{l-1}、r_l。

由(1)、(2),根据最大公因子的定义,得到 $r_l=(a,b)$。

例 1-6 (1) $a=888$,$b=312$,求 (a,b)。

(2) $a=-3824$,$b=1837$,求 (a,b)。

解:(1)

$$888=2\times312+264$$
$$312=1\times264+48$$
$$264=5\times48+24$$
$$48=2\times24$$

故 $(888,312)=24$。

(2)

$$(-3824,1837)=(3824,1837)$$
$$3824=2\times1837+150$$
$$1837=12\times150+37$$
$$150=4\times37+2$$
$$37=18\times2+1$$
$$2=2\times1$$

得 $(3824,1837)=1$,故 $(-3824,1837)=1$。

欧几里得除法作为密码学中的基础算法,其计算机实现非常简单,下面进行介绍。

输入:a,b
输出:a 和 b 的最大公因子 (a,b)
(1) $x\leftarrow a$; $y\leftarrow b$;
(2) while($y\neq0$)do
  (i) $r=x \bmod y$;
  (ii) $x\leftarrow y$;
  (iii) $y\leftarrow r$;
(3) return $x=(a,b)$.

表 1-1 给出了利用计算机实现来求 $a=888$ 和 $b=312$ 的最大公因子的具体过程,最后返回 $x=24=(a,b)$。

表 1-1 求 $(888,312)$ 的具体过程

循环	x	y	r
初始值	888	312	
1	312	264	264
2	264	48	48
3	48	24	24
4	24	0	0

欧几里得除法可以求两个整数的最大公因子,同时为了后面的性质,这里给出下面的一个重要定理,该定理表明两个整数的最大公因子可以用这两个整数的线性组合表示出来。

定理 1-4 设 a、b 是两个不全为零的整数,则存在两个整数 u、v,使得

$$(a,b) = ua + vb \tag{1-2}$$

证明：设 **Z** 是全体整数集合。做一个如下集合：

$$S = \{\, |\, xa + yb\, |\, : x, y \in \mathbf{Z} \}$$

S 中的元素显然大于等于 0，因此 S 中存在最小正整数。

设 d 是 S 中的最小正整数，则存在整数 u、v 满足 d 可表示为 a、b 的组合，即

$$d = ua + vb$$

（1）现在证明 $d\,|\,a$ 且 $d\,|\,b$。

做带余除法：

$$a = qd + r, \quad 0 \leqslant r < d$$

于是

$$r = a - qd = a - q(ua + vb) = (1 - qu)a - qvb$$

这说明 r 也可表示为 a、b 的组合且大于等于 0，则 $r \in S$。由于 d 是 S 中的最小正整数，所以只有 $r=0$。故 $d\,|\,a$。同理 $d\,|\,b$。

（2）设 c 是 a、b 的任意公因子，由 $c\,|\,a$ 和 $c\,|\,b$ 得 $c\,|\,d = ua + vb$。故 d 是 a、b 的最大公因子，证毕。

注：（1）定理 1-4 表明 a、b 的最大公因子可以表示为 a、b 的组合，但是上述定理并没有说明表示为 a、b 的组合就一定是 a、b 的最大公因子。

（2）整数 u、v 不是唯一的整数满足该等式。这是因为在已知整数 u、v 的基础上可以构造新的 u、v 同样满足该等式。

（3）显然在证明过程中构造的集合 S 中的任意元素是最大公因子的倍数。

（4）上述定理的证明没有说明怎样去求最大公因子 d 和整数 u、v。

例 1-7　设 $a=56$，$b=-96$。

显然 $u=7$、$v=4$ 满足 $8=(a,b)=7\times56+4\times(-96)$ 成立；

同样 $8=-89\times56+(-52)\times(-96)$ 也成立。

在定理 1-4 的证明过程中使用的是理论上的逻辑推理。实际上，从欧几里得除法求最大公因子的过程也可以看出 (a,b) 可表示为 a、b 的组合。即：

r_2 可表示为 $r_0=a$、$r_1=b$ 的组合，即 $r_2 = r_0 - q_1 r_1$；

r_3 可表示为 r_1、r_2 的组合，即 $r_3 = r_1 - q_2 r_2$；

$$\vdots$$

r_l 可表示为 r_{l-1}、r_{l-2} 的组合，即 $r_l = r_{l-2} - q_{l-1} r_{l-1}$。

所以 $r_l = (a,b)$ 可表示为 a、b 的组合。

事实上，这就给出了一种迭代的方法，可以求出定理 1-4 等式中的两个整数 u、v，从而把等式表示出来。这是一种计算方法，同时也可以是一个证明方法。

例 1-8　将 $a=888$、$b=312$ 的最大公因子表示为 $(a,b)=ua+vb$。

解：利用欧几里得除法求最大公因子的过程可以解出。

由

$$888 = 2 \times 312 + 264$$
$$312 = 1 \times 264 + 48$$
$$264 = 5 \times 48 + 24$$

有

$$264 = 888 - 2 \times 312$$

$$48 = 312 - 264 = 312 - (888 - 2 \times 312) = -888 + 3 \times 312$$

$$24 = 264 - 5 \times 48 = (888 - 2 \times 312) - 5 \times (-888 + 3 \times 312) = 6 \times 888 - 17 \times 312$$

故 $(888, 312) = 24 = 6 \times 888 - 17 \times 312$。

上述迭代的方法,实际上总结归纳后就是下面的**欧几里得扩展算法**。

设 a、b 是两个正整数,整数 r_0、r_1、$\cdots$、r_l 和整数 q_1、q_2、$\cdots$、q_l 为**欧几里得除法**中的定义,那么定义整数 u_0、u_1、$\cdots$、u_l、u_{l+1} 和整数 v_1、v_2、$\cdots$、v_l、v_{l+1} 如下。

设 $u_0 = 1, u_1 = 0, v_1 = 0, v_2 = 1$;

$$u_2 = u_0 - u_1 q_1, v_2 = v_0 - v_1 q_1;$$

$$\vdots$$

$$u_{l+1} = u_{l-1} - u_l q_l, v_{l+1} = v_{l-1} - u_l q_l.$$

则 $u = u_{l+1}$、$v = v_{l+1}$ 满足 $(a, b) = ua + vb$。

定理 1-5 设 a、b 是两个正整数,整数 r_0、r_1、$\cdots$、r_l, q_1、q_2、$\cdots$、q_l, u_0、u_1、$\cdots$、u_l、u_{l+1}, v_1、v_2、$\cdots$、v_l、v_{l+1}, u、v 定义如欧几里得扩展算法,那么 $(a, b) = ua + vb$。

定理的证明可以考虑使用数学归纳法对 l 进行归纳,读者可以自己进行证明。

两个整数的公因子和最大公因子只是最简单的情况,下面给出更一般的情况。

定义 1-4

(1) 设 a_1、a_2、$\cdots$、a_k 是 k 个整数,如果整数 c 对任意正整数 $i, 1 \leq i \leq k, c | a_i$,则 c 称为 a_1、a_2、$\cdots$、a_k 的公因子。

(2) 设 $c > 0$ 是 k 个不全为零的整数 a_1、a_2、$\cdots$、a_k 的公因子,如果 a_1、a_2、$\cdots$、a_k 的任何公因子都整除 c,则 c 称为 a、b 的**最大公因子**,记为 $(a_1, a_2, \cdots, a_k)$ 或者 $\gcd(a_1, a_2, \cdots, a_k)$。

对于多个整数求最大公因子的问题,可以转化为两个整数求最大公因子的问题,因此可以多次使用欧几里得除法求得结果。由于多个整数求最大公因子,在去掉 0 的整数时,不会改变最大公因子的值。为了简化证明,这里先证明下面的引理。不失一般性,假设所有整数非零。

引理 1-1 设 3 个非零整数 a_1、a_2、a_3,那么 $(a_1, a_2, a_3) = (a_1, (a_2, a_3))$。

证明:显然

$$(a_1, a_2, a_3) | a_1, \quad (a_1, a_2, a_3) | a_2, \quad (a_1, a_2, a_3) | a_3$$

所以

$$(a_1, a_2, a_3) | (a_2, a_3)$$

所以

$$(a_1, a_2, a_3) | (a_1, (a_2, a_3))$$

又因为

$$(a_1, (a_2, a_3)) | a_1, \quad (a_1, (a_2, a_3)) | (a_2, a_3)$$

所以

$$(a_1, (a_2, a_3)) | a_2, \quad (a_1, (a_2, a_3)) | a_3$$

所以

$$(a_1, (a_2, a_3)) | (a_1, a_2, a_3)$$

又因为$(a_1,(a_2,a_3))$和(a_1,a_2,a_3)都大于0,由定理 1-1 的性质(1)得到

$$(a_1,a_2,a_3)=(a_1,(a_2,a_3))$$

定理 1-6　设整数 a_1、a_2、$\cdots$、a_k 是 k 个不全为零的整数,那么

$$(a_1,a_2,\cdots,a_k)=(a_1,(a_2,\cdots,a_k))=\cdots=(a_1,(a_2,\cdots,(a_{k-1},a_k)))$$

定理 1-6 的证明可以用数学归纳法使用引理 1-1 简单推导出,读者可以自己进行证明。

在考虑了整数的最大公因子后,以下还要介绍另外两个与之相关的概念,即公倍数和最小公倍数。

定义 1-5

(1) 设 a、b 是两个不等于零的整数。如果 $a|m$、$b|m$,则称 m 是 a 和 b 的**公倍数**。

(2) 设 $m>0$ 是两个整数 a、b 的公倍数,如果 m 整除 a、b 的任何公倍数,则 m 称为 a、b 的**最小公倍数**,记为 $[a,b]$ 或者 $\mathrm{lcm}(a,b)$。

定义 1-5 的条件(2)实际保证了 m 是正公倍数中最小的。其实整数 a、b 的公倍数有无穷多个,而且任何一个公倍数 m 的相反数 $-m$ 也是它们的公倍数,所以在两个整数的公倍数所构成的集合中没有元素是最小的数,在定义最小公倍数时是指正整数中最小的数。

定理 1-7　由最小公倍数的定义,能得到如下的结论:

$$[a,b]=[-a,b]=[a,-b]=[-a,-b] \tag{1-3}$$

例 1-9　设整数 $a=-588=-2^2\times3\times7^2$,$b=1120=2^5\times5\times7$,则最小公倍数

$$[a,b]=[-a,b]=2^5\times3\times5\times7^2=23\,520$$

与最大公因子类似,对整数进行分解也是求两个整数的最小公倍数的比较直观的方法,但是通过下面的定理可以使用先求最大公因子的方法来求最小公倍数。由于在定理的证明过程中要使用 1.2 节的知识,所以证明留在了 1.2 节,这里先学习方法。

定理 1-8

(1) 设 m 是 a、b 的任意公倍数,则

$$[a,b]\mid m$$

(2) $[a,b]=\dfrac{|ab|}{(a,b)}$。特别地,如果 $(a,b)=1$,则 $[a,b]=|ab|$。

事实上,定理 1-8 给出了一个通用的求最小公倍数的方法:先利用欧几里得除法求出两个整数的最大公因子,然后由定理 1-8 最大公因子和最小公倍数的关系,求出最小公倍数。

例 1-10　$a=888$,$b=312$,求 $[a,b]$。

解:$(888,312)=24$,则

$$[888,312]=\frac{888\times312}{24}=11\,544$$

下面把两个整数的最小公倍数的定义扩展到有限个整数的最小公倍数的定义。

定义 1-6

(1) 假设 k 个整数 a_1、a_2、$\cdots$、a_k,如果整数 m 对任意 $1\leqslant i\leqslant k$,$a_i|m$,则 m 称为 a_1、a_2、$\cdots$、a_k 的公倍数。

(2) 设 $m>0$ 是 k 个整数 a_1、a_2、$\cdots$、a_k 的公倍数,如果 m 整除 a_1、a_2、$\cdots$、a_k 的任何公倍数,则 m 称为 a_1、a_2、$\cdots$、a_k 的**最小公倍数**,记为 $[a_1,a_2,\cdots,a_k]$ 或者 $\mathrm{lcm}(a_1,a_2,\cdots,a_k)$。

与最大公因子的求法类似,先给出下面的引理。

引理 1-2 设 3 个非零整数 a_1、a_2、a_3,那么 $[a_1,a_2,a_3]=[a_1,[a_2,a_3]]$。

证明:因为 $[a_1,a_2,a_3]$ 是整数 a_1、a_2、a_3 的最小公倍数,所以

$$a_1 \mid [a_1,a_2,a_3], \quad a_2 \mid [a_1,a_2,a_3], \quad a_3 \mid [a_1,a_2,a_3]$$

所以

$$[a_2,a_3] \mid [a_1,a_2,a_3]$$

又因为

$$a_1 \mid [a_1,a_2,a_3]$$

所以

$$[a_1,[a_2,a_3]] \mid [a_1,a_2,a_3]$$

又因为 $[a_1,[a_2,a_3]]$ 是 a_1 和 $[a_2,a_3]$ 的公倍数,所以 $[a_1,[a_2,a_3]]$ 是 a_2 和 a_3 的公倍数。

所以 $[a_1,[a_2,a_3]]$ 是 a_1、a_2、a_3 的公倍数。

所以 $[a_1,a_2,a_3]=[a_1,[a_2,a_3]]$,证毕。

由引理 1-2,使用数学归纳法可以证明下述定理,从而可以求任意个整数的最小公倍数。

定理 1-9 设整数 a_1、a_2、$\cdots$、a_k 是 k 个整数,那么

$$[a_1,a_2,\cdots,a_k] = [a_1,[a_2,\cdots,a_k]] = \cdots = [a_1,[a_2,\cdots,[a_{k-1},a_k]]]$$

因此,通过定理 1-8 和定理 1-9,可以使用欧几里得除法很快求出任何有限个整数的最小公倍数。

1.2 互素

两个整数除了整除、不整除等性质之外,还有一个重要的性质需要考虑——互素,这个性质不止是在数论中有很重要的地位,在密码学算法设计中也经常需要此性质。下面介绍它的定义和一些基本性质。

定义 1-7 设 a、b 是两个不全为 0 的整数,如果 $(a,b)=1$,则称 a、b 互素。

由互素的定义可以得到整数 a、b 的公因子只有 ±1,而没有其他公因子。由此可以从上节的定理 1-4 得到下面的推论。

推论 1-1 a、b 互素的充分必要条件是:存在 u、v,使

$$ua + vb = 1 \tag{1-4}$$

证明:必要条件是上节定理 1-4 的特例,只需证明充分条件。

如果存在 u、v,使得

$$ua + vb = 1$$

则由 $(a,b) \mid (ua+vb)$,得 $(a,b) \mid 1$,所以 $(a,b)=1$。

例 1-11 $a=251$,$b=-372$ 求整数 u 和 v,使得 $ua+vb=1$。

解:由欧几里得除法的扩展算法可以求得 $u=83$ 和 $v=56$,满足

$$83 \times 251 - 56 \times 372 = 1$$

下面给出两个整数互素的几个性质。

定理 1-10 设 a、b、c 为非零整数,则:

(1) 如果 $c \mid ab$ 且 $(c,a)=1$,则 $c \mid b$。

(2) 如果 $a \mid c$、$b \mid c$,且 $(a,b)=1$,则 $ab \mid c$。

(3) 如果 $(a,c)=1$、$(b,c)=1$，则 $(ab,c)=1$。

证明：下面使用推论 1-1 来证明这 3 个性质。

(1) 因为 $(c,a)=1$，存在 u、v，使得

$$ua+vc=1$$

两端乘以 b 得到

$$uab+vcb=b$$

由于 $c \mid uab+vcb$，故 $c \mid b$。

(2) 因为 $(a,b)=1$，存在 u、v，使得

$$ua+vb=1$$

两端乘 c 得到

$$uac+vbc=c$$

又因为

$$a \mid c,\quad b \mid c$$

所以有

$$ab \mid ubc,\quad ab \mid vac$$

故

$$ab \mid uac+vbc=c$$

(3) 因为 $(a,c)=1$，存在整数 u、v，使得

$$ua+vc=1$$

因为 $(b,c)=1$，存在整数 x、y，使得

$$xb+yc=1$$

于是

$$(ua+vc)(xb+yc)=(ux)ab+(uya+vxb+vyc)c=1$$

故 $(ab,c)=1$。

下面证明定理 1-8。

证明：

(1) 显然 $\lvert m \rvert$ 大于等于 $[a,b]$，因此可以做如下带余除法：

$$m=q[a,b]+r,\quad 0 \leqslant r < [a,b]$$

由于

$$a \mid m, b \mid m,\quad 及 a \mid [a,b],\quad b \mid [a,b]$$

则

$$a \mid r, b \mid r$$

因此 r 也是 a、b 的公倍数，又因为 $0 \leqslant r < [a,b]$ 和 $[a,b]$ 是 a、b 的最小公倍数（公倍数中最小的正整数），所以

$$r=0$$

即 $[a,b] \mid m$。

(2) 不失一般性，假设 a、b 均是正整数。先证明 $\dfrac{ab}{(a,b)}$ 是 a、b 的公倍数，再证明对于 a、b 的任意公倍数 d 都有

$$\frac{ab}{(a,b)}\Bigg| d$$

设 $a=k_a(a,b)$、$b=k_b(a,b)$,那么 $(k_a,k_b)=1$。

(这是因为如果存在整数 $k\neq\pm 1$ 满足 $k|k_a$、$k|k_b$,那么一定有 $k(a,b)|a$、$k(a,b)|b$,这与 (a,b) 是整数 a,b 的最大公因子矛盾,所以有 $(k_a,k_b)=1$)。

又因为

$$\frac{ab}{(a,b)}=\frac{a}{(a,b)}b=k_a b \quad 和 \quad \frac{ab}{(a,b)}=a\frac{b}{(a,b)}=k_b a$$

所以 $\dfrac{ab}{(a,b)}$ 是 a、b 的公倍数。

设 a、b 的任意公倍数 $d=q_a a=q_b b$,于是

$$d=q_a k_a(a,b)=q_b k_b(a,b)$$
$$q_a k_a=q_b k_b$$

因为 $(k_a,k_b)=1$,则

$$k_a \mid q_b$$
$$k_a b \mid q_b b=d$$
$$\frac{(a,b)k_a b}{(a,b)}\Bigg| d$$

即:

$$\frac{ab}{(a,b)}\Bigg| d$$

这表明 $\dfrac{ab}{(a,b)}$ 是正的公倍数中最小的,定理 1-8 得证。

1.3 素数

定义 1-8 如果一个大于 1 的整数 p 除 ± 1 和 $\pm p$ 外无其他因子,则 p 称为一个**素数**,否则称为**合数**。

例 1-12 2、3、5、7、11、13、17、19、23、29、31、37、41、43 都是素数;而 4、6、8、9、10、12、14、15、16、18、20、21、22、24、30、300 都是合数;所有大于 2 的偶数都是合数。

定理 1-11 设 p 是一个素数,则:

(1) 对任意整数 a,如果 p 不整除 a,则 $(p,a)=1$。

(2) 如果 $p|ab$,则 $p|a$,或 $p|b$。

证明:

(1) 因为 $(p,a)|p$,由素数的定义,则

$$(p,a)=1, \quad 或者 (p,a)=p$$

因为 p 不整除 a,即 $(p,a)\neq p$,那么

$$(p,a)=1$$

(2) 如果 $p|a$,则成立。否则 $(p,a)=1$,则由互素的性质,有 $p|b$。

定理 1-11 说明素数 p 和整数 a 如果不互素,就整除 a。更一般的情况,如果素数

$p|a_1a_2\cdots a_k$，那么必然存在某个 i，满足 $p|a_i$，这个可以用数学归纳法证明。但是对于合数 $n|ab$，并不一定能得到 $n|a$，或 $n|b$。例如，$n=6$，$a=8$，$b=9$。

下面给出非常重要的**算术基本定理**，该定理由两千多年前的古希腊数学家所发现，事实上该定理对负整数也成立，仅仅在前面多一个负号。

定理 1-12（算术基本定理） 任意大于 1 的整数 a 都可以分解为有限个素数的乘积：

$$a = p_1 p_2 \cdots p_r$$

该分解除素数因子的排列外是唯一的。

证明：分解是显然的，只需证明分解除素数因子的排列外是唯一的。

假设 a 有两个分解：

$$a = p_1 p_2 \cdots p_r = q_1 q_2 \cdots q_s$$

由于 $p_1|q_1 q_2 \cdots q_s$，则 p_1 整除 q_1、q_2、$\cdots$、q_s 之一，不失一般性，假设 $p_1|q_1$，由 p_1、q_1 都是素数得 $p_1 = q_1$。在等式两边消去 p_1、q_1，得

$$p_2 \cdots p_r = q_2 \cdots q_s$$

重复上述过程可得 $p_1 p_2 \cdots p_r$ 和 $q_1 q_2 \cdots q_s$ 除排列外是相同的，证毕。

由于 p_1、p_2、$\cdots$、p_r 中可能存在重复，所以 a 的分解式可表示为有限个素数的幂的乘积：

$$a = p_1^{k_1} p_2^{k_2} \cdots p_l^{k_l}$$

这称为 a 的**标准因子分解式**。

例 1-13 800、900 的标准因子分解式分别为：

$$800 = 2 \times 2 \times 2 \times 2 \times 2 \times 5 \times 5 = 2^5 \times 5^2$$
$$900 = 2 \times 2 \times 3 \times 3 \times 5 \times 5 = 2^2 \times 3^2 \times 5^2$$

整数的素因子分解没有一个一般的方法，当整数很大时，其分解会变得非常困难，这就是著名的大数分解难解问题，它也是构造公钥密码的重要基础之一。

古希腊的数学家提出和回答了下面一个问题：素数总共有多少个？如果素数有有限多个，那么也就不存在大数分解困难问题了，只要把所有的素数试一试就能分解大整数。下面的定理说明这种穷举的方法是不可能实现的。

定理 1-13 素数有无穷多个。

证明：用反证法。

假设素数有有限多个，不妨设它们为 p_1、p_2、$\cdots$、p_k。令

$$M = p_1 p_2 \cdots p_k + 1$$

设 p 是 M 的一个素因子，则

$$p \mid M$$

而 p 在 p_1、p_2、$\cdots$、p_k 中，则

$$p \mid p_1 p_2 \cdots p_k$$

于是

$$p \mid (M - p_1 p_2 \cdots p_k) = 1$$

因为 $p>1$，这显然是不可能的。定理得证。

虽然素数有无限多，但还是希望有好的方法来寻找素数。古希腊数学家埃拉托色尼（Eratosthenes）给出了一个称谓 **Eratosthenes** 筛法方法，它能求出小于正整数 N 的所有素数。下面先介绍该方法的理论依据。

定理 1-14　设 a 是任意大于 1 的整数,则 a 的除 1 外最小正因子 q 是一个素数,并且当 a 是一个合数时,

$$q \leqslant \sqrt{a} \qquad (1\text{-}5)$$

证明:由算术基本定理,该定理的前一点是显然的。

当 a 是一个合数时,而 q 是 a 的最小正因子,可设

$$a = bq, \quad 其中 b \geqslant q$$

则

$$a = bq \geqslant q^2$$

$$\sqrt{a} \geqslant q$$

定理证毕。

注:根据定理 1-14,如果整数 a 是合数,则存在小于 $\sqrt{a}$ 的因子;反之,如果对任意的整数 $n \leqslant \sqrt{a}$,n 都不是 a 的因子,那么 a 一定是素数。

例 1-14　用 $N=100$ 这个具体例子来介绍 Eratosthenes 筛法,求不超过 100 的全部素数。

第 1 步,找出小于等于 $\sqrt{100}=10$ 的全部素数:2、3、5、7。

第 2 步,在 1~100 中分别划去第 1 步找出的每个素数的全部倍数(除了自身),即分别划去 2 的全部倍数、3 的全部倍数、5 的全部倍数和 7 的全部倍数。

(1) 划去 2 的全部倍数(除了 2)。

```
 1   2   3   4   5   6   7   8   9  10
11  12  13  14  15  16  17  18  19  20
21  22  23  24  25  26  27  28  29  30
31  32  33  34  35  36  37  38  39  40
41  42  43  44  45  46  47  48  49  50
51  52  53  54  55  56  57  58  59  60
61  62  63  64  65  66  67  68  69  70
71  72  73  74  75  76  77  78  79  80
81  82  83  84  85  86  87  88  89  90
91  92  93  94  95  96  97  98  99 100
```

得到剩下的数:

```
 1   2   3       5       7       9
11      13      15      17      19
21      23      25      27      29
31      33      35      37      39
41      43      45      47      49
51      53      55      57      59
61      63      65      67      69
71      73      75      77      79
81      83      85      87      89
91      93      95      97      99
```

（2）划去 3 的全部倍数（除了 3）。

1	2	3	5	7	9
11		13	15	17	19
21		23	25	27	29
31		33	35	37	39
41		43	45	47	49
51		53	55	57	59
61		63	65	67	69
71		73	75	77	79
81		83	85	87	89
91		93	95	97	99

得到剩下的数：

1	2	3	5	7
11		13	17	19
		23	25	29
31		35	37	
41		43	47	49
		53	55	59
61		65	67	
71		73	77	79
		83	85	89
91		95	97	

（3）划去 5 的全部倍数（除了 5）。

1	2	3	5	7
11		13	17	19
		23	25	29
31		35	37	
41		43	47	49
		53	55	59
61		65	67	
71		73	77	79
		83	85	89
91		95	97	

得到剩下的数：

1	2	3		5	7	
11		13		17	19	
		23			29	
31				37		
41		43		47	49	
		53			59	
61				67		
71		73		77	79	
		83		89		
91				97		

(4) 划去 7 的全部倍数(除了 7)。

1	2	3		5	7	
11		13		17	19	
		23			29	
31				37		
41		43		47	49	
		53			59	
61				67		
71		73		77	79	
		83		89		
91				97		

得到剩下的数:

1	2	3		5	7	
11		13		17	19	
		23			29	
31				37		
41		43		47		
		53			59	
61				67		
71		73			79	
		83		89		
				97		

第 2 步完成后剩下的数除 1 外就是不超过 100 的全部素数:2、3、5、7、11、13、17、19、23、29、31、37、41、43、47、53、59、61、67、71、73、79、83、89、97。

上述过程为什么能够求出不超过 100 的全部素数呢?因为 100 的最小素因子一定小于等于 10,而剩下的整数即使有因子也大于 10,有上述定理,说明剩下的就是素数了。

因此,对任意正整数 N,Eratosthenes 筛法可表述如下:

第 1 步,找出小于等于 $\sqrt{N}$ 的全部素数:p_1、p_2、$\cdots$、p_m。

第 2 步,在 $1 \sim N$ 中分别划去 p_1、p_2、$\cdots$、p_m 全部倍数(除了它们自身)。

第 2 步完成后剩下的整数除 1 外就是不超过 N 的全部素数。

简而言之,筛法原理如下:对于一个正整数 $a \leqslant N$,如果素数 p_1、p_2、$\cdots$、p_m(小于等于 $\sqrt{N}$)都不整除 a,则 a 是素数。

虽然上面给出了求不超过 N 的全部素数的方法,但此方法计算量是相当大的。当 N 非常大时,该方法不可行,这也是没有方法分解因子的原因之一。

1.4 同余及应用

在日常生活中经常用到余数,例如,"现在几点钟"就是用 24 除总时数得到的余数,"今天星期几"是用 7 除总天数得到的余数。由于时间和日期具有周期性,每天的一个固定时间、每周的一个固定日期具有同一个余数。同余尽管是新概念,但它很容易理解。同余概念的引入丰富了数学的内容,它在密码和编码方面有着重要的应用。

定义 1-9 给定一个称为模的正整数 m。如果 m 除整数 a、b 得相同的余数,即存在整数 q_1 和 q_2 使得

$$a = q_1 m + r, \quad b = q_2 m + r, \quad 0 \leqslant r < m$$

则称 a 和 b 关于模 m 同余,记为

$$a \equiv b (\bmod m) \tag{1-6}$$

例 1-15 $25 \equiv 1 (\bmod 8)$,$16 \equiv -5 (\bmod 7)$。

定理 1-15 整数 a、b 对模 m 同余的充分必要条件是:

$$m \mid (a-b) \tag{1-7}$$

即 $a = b + mt$,t 是整数。

证明:设

$$a = q_1 m + r_1, \quad 0 \leqslant r_1 < m$$
$$b = q_2 m + r_2, \quad 0 \leqslant r_2 < m$$

如果 $a \equiv b (\bmod m)$,则 $r_1 = r_2$,因此

$$a - b = m(q_1 - q_2), \quad m \mid (a-b)$$

反之如果 $m \mid (a-b)$,则

$$m \mid m(q_1 - q_2) + (r_1 - r_2)$$

于是 $m \mid (r_1 - r_2)$。由于 $|r_1 - r_2| < m$,故

$$(r_1 - r_2) = 0, \quad r_1 = r_2$$

定理证完。

由定理 1-15,同余的定义可以是:如果 $m \mid (a-b)$,则 a、b 对模 m 同余。

因此,可以得到同余的 3 个等价定义:

(1) a 和 b 关于模 m 同余,等价于 $m \mid (a-b)$。

(2) 等价于存在整数 t 使得 $a = b + mt$。

(3) 等价于存在整数 q_1 和 q_2 使得 $a = q_1 m + r$,$b = q_2 m + r$,$0 \leqslant r < m$。

下面介绍一下同余的一些性质。

定理 1-16 设 a_1、a_2、b_1、b_2 和 c、a、b 为整数,m 为正整数,且 $a_1 \equiv b_1 (\bmod m)$,$a_2 \equiv b_2 (\bmod m)$,那么

信息安全数学基础教程(第 2 版)

(1) $a_1 + a_2 \equiv b_1 + b_2 \pmod{m}$。

(2) $a_1 - a_2 \equiv b_1 - b_2 \pmod{m}$。

(3) $a_1 a_2 \equiv b_1 b_2 \pmod{m}$。

(4) 如果 $ac \equiv bc \pmod{m}$,且 $(c, m) = 1$,则 $a \equiv b \pmod{m}$。

(5) 如果 $a \equiv b \pmod{m}$,且 $d \mid m$,d 是正整数,则 $a \equiv b \pmod{d}$。

证明:由 $a_1 \equiv b_1 \pmod{m}$,$a_2 \equiv b_2 \pmod{m}$,得

$$m \mid (a_1 - b_1), \quad m \mid (a_2 - b_2)$$

则

(1) $m \mid (a_1 - b_1) + (a_2 - b_2) = (a_1 + a_2) - (b_1 + b_2)$,故 $a_1 + a_2 \equiv b_1 + b_2 \pmod{m}$。

(2) $m \mid (a_1 - b_1) - (a_2 - b_2) = (a_1 - a_2) - (b_1 - b_2)$,故 $a_1 - a_2 \equiv b_1 - b_2 \pmod{m}$。

(3) $m \mid a_2(a_1 - b_1) + b_1(a_2 - b_2) = a_1 a_2 - b_1 b_2$,故 $a_1 a_2 \equiv b_1 b_2 \pmod{m}$。

(4) 由 $ac \equiv bc \pmod{m}$,得

$$m \mid ac - bc = c(a - b)$$

因为 $(c, m) = 1$,则

$$m \mid (a - b)$$
$$a \equiv b \pmod{m}$$

(5) 由 $a \equiv b \pmod{m}$,得

$$m \mid (a - b)$$

而 $d \mid m$,则

$$d \mid m \mid (a - b)$$
$$a \equiv b \pmod{d}$$

定理证完。

由上面的性质定理能得到下面的推论。

推论 1-2 如果 $a_1 \equiv b_1 \pmod{m}$,$a_2 \equiv b_2 \pmod{m}$,则

(1) $a_1 x + a_2 y \equiv b_1 x + b_2 y \pmod{m}$,其中 x、y 为任意整数。

(2) $a_1^n \equiv b_1^n \pmod{m}$,其中 n 是正整数。

(3) $f(a_1) \equiv f(b_1) \pmod{m}$,其中 $f(x)$ 是任一给定的整系数多项式:

$$f(x) = c_0 + c_1 x + \cdots + c_k x^k$$

结合同余的定义和上面的定理推论,考虑下面例子。

例 1-16 求 $2^{64} \pmod{641}$。

解:

$$2^8 = 256$$
$$2^{16} = 65\,536 \equiv 154 \pmod{641}$$
$$2^{32} \equiv 154^2 = 23\,716 \equiv 640 \equiv -1 \pmod{641}$$
$$2^{64} \equiv (-1)^2 \equiv 1 \pmod{641}$$

在例 1-16 中使用了一个有用的技巧,就是当整数大于 641 时,就把它使用带余除法(mod 运算),在接下来的计算中就是对"小"的整数进行运算。这样计算的好处是简化了计算量,同时在计算机编程中也会减少存储空间。

在初等数论中已经知道如何快速判断一个整数是否被 3 整除,就是把整数的每位相加

得到的值来检查是否被 3 整除,但是没有解释为什么,同样也没有介绍是否有快速的方法判断一个整数是否被 7、11 等数整除。

下面先了解一下正整数的表示。正整数的表示可以有多种,这个与面对的系统有关系。如在计算机软件和硬件中经常接触到的是二进制表示;在密码学算法的实现中经常使用的是十六进制表示;当然在现实生活中最常见的还是十进制表示。例如,十进制的整数 $n=987\,654\,321$,其意思是指

$$n = 9 \times 10^8 + 8 \times 10^7 + 7 \times 10^6 + 6 \times 10^5 + 5 \times 10^4$$
$$+ 4 \times 10^3 + 3 \times 10^2 + 2 \times 10^1 + 1 \times 10^0$$

因此,可以对任意的正整数 n 用任意 p 进制表示。下面给出 p 进制定义。对于负数,同样可以在数前面加一个负号就可以表示。

定义 1-10 如果 $p \geqslant 2$ 为正整数,那么任意正整数 n 都可以唯一表示为

$$n = n_d p^d + n_{d-1} p^{d-1} + \cdots + n_1 p + n_0 \tag{1-8}$$

其中 n_i 是整数,$0 \leqslant n_i < p, 0 \leqslant i \leqslant d, n_d \neq 0$。这种表示称为 n 的 p 进制表示。

定理 1-17 正整数 $n = n_d 10^d + n_{d-1} 10^{d-1} + \cdots + n_1 \cdot 10 + n_0$ 是十进制表示,n 能被 3 整除的充分必要条件是 $b = \sum_{i=0}^{d} n_i$ 能被 3 整除;同样,n 能被 9 整除的充分必要条件是 $b = \sum_{i=0}^{d} n_i$ 能被 9 整除。

证明:对任何正整数 i,有

$$10^i \equiv 1 (\bmod\ 3), \quad 10^i \equiv 1 (\bmod\ 9)$$

因此

$$n \equiv n_d + n_{d-1} + \cdots + n_1 + n_0 (\bmod\ 3), \quad n \equiv n_d + n_{d-1} + \cdots + n_1 + n_0 (\bmod\ 9)$$

因此,判断 n 是否能被 3 整除,实际是判断 $\sum_{i=0}^{d} n_i$ 是否能被 3 整除;判断 n 是否能被 9 整除,实际是判断 $\sum_{i=0}^{d} n_i$ 是否能被 9 整除。

下面通过两个例子介绍同余的有趣应用。

例 1-17 判断 $5\,874\,192$ 是否能被 3 整除。

因为 $10^n \equiv 1 (\bmod\ 3)$,其中 n 是正整数,所以

$$5\,874\,192 = 5 \times 10^6 + 8 \times 10^5 + 7 \times 10^4 + 4 \times 10^3 + 1 \times 10^2 + 9 \times 10 + 2$$
$$\equiv 5 + 8 + 7 + 4 + 1 + 9 + 2 (\bmod\ 3) = 36 (\bmod\ 3) = 0 (\bmod\ 3)$$

故 $3 | 5\,874\,192$。

例 1-18 验证 $28\,997 \times 39\,495 = 1\,145\,236\,415$ 是否正确。

如果

$$28\,997 \times 39\,495 = 1\,145\,236\,415$$

则有

$$28\,997 \times 39\,495 \equiv 1\,145\,236\,415 (\bmod\ 9)$$

即

$$(2 \times 10^4 + 8 \times 10^3 + 9 \times 10^2 + 9 \times 10 + 7) \times (3 \times 10^4 + 9 \times 10^3 + 4 \times 10^2 + 9 \times 10 + 5)$$
$$\equiv (1 \times 10^9 + 1 \times 10^8 + 4 \times 10^7 + 5 \times 10^6 + 2 \times 10^5 + 3 \times 10^4 + 6 \times 10^3 + 4 \times 10^2$$
$$+ 1 \times 10 + 5)(\bmod\ 9)$$

于是有
$$(2+8+9+9+7)\times(3+9+4+9+5)$$
$$\equiv(1+1+4+5+2+3+6+4+1+5)(\bmod 9)$$

即
$$[(2+7)+8+9+9]\times[3+9+(4+5)+9]$$
$$\equiv[1+1+(4+5)+2+(3+6)+(4+5)+1](\bmod 9)$$

于是有
$$8\times3\equiv5(\bmod 9)$$

显然此式错误,故 $28\,997\times39\,495=1\,145\,236\,415$ 错误。

例 1-18 的方法可以验证整数乘法、加法、减法的计算结果。但必须指出的是,此验证方法只能用来查错,而不能保证结果是正确的,因为 $a\equiv b(\bmod m)$ 并不能保证 $a=b$。

如果正整数用二进制、十六进制表示,是否也有有效的办法判断整数是否被 3 整除呢?答案是肯定的。

在有效地判断一个正整数 n 是否能被正整数 a 整除时,这个与 n 的表示和 a 都有关,里面有一些技巧,但都可以使用同余的性质。

习题 1

题 1-1　求 $(105,95)$、$(412,232)$、$(789,-2048)$、$(48\,385,97\,850)$。

题 1-2　求 100、3288 的素因子分解式。

题 1-3　利用算术基本定理重新证明互素的 3 个性质。

题 1-4　证明:a、b 是正整数,如果 $(a,b)=1$,则 $(a^n,b^n)=1$,n 是正整数。

题 1-5　证明:a、b 是整数,n 是正整数,如果 $a^n|b^n$,则 $a|b$。

题 1-6　证明:整数 a、b、c 互素且非零,则 $(ab,c)=(a,c)(b,c)$。

题 1-7　求小于等于 200 的全部素数。

题 1-8　证明:任何素数的平方根都是无理数。

题 1-9　求下列模运算:
$$n(\bmod 8),\quad n=-100,-99,\cdots,-2,-1,0,1,2,\cdots,99,100$$
(提示:用通式或表格表示)

题 1-10　证明同余性质的推论。

题 1-11　对哪些模 m 以下同余式成立:$32\equiv11(\bmod m)$,$1000\equiv-1(\bmod m)$,$2^8\equiv1(\bmod m)$。

题 1-12　对哪些模 m,$32\equiv11(\bmod m)$、$1000\equiv-1(\bmod m)$ 同时成立?

题 1-13　证明:$70!\equiv61!(\bmod 71)$。

题 1-14　用同余证明:当 n 是奇数时,3 整除 (2^n+1);当 n 是偶数时,3 不能整除 (2^n+1)。

题 1-15　证明:

(1) 如果 $ac\equiv bc(\bmod m)$,且 $(c,m)=d$,则 $a\equiv b\left(\bmod \dfrac{m}{d}\right)$。

(2) 如果 $a\equiv b(\bmod m_i)$,$i=1,2,\cdots,n$,则

$$a \equiv b(\bmod [m_1, m_2, \cdots, m_n])$$

题 1-16 下列哪些整数能被 3 或 9 整除?

(1) 1 843 581。

(2) 184 234 081。

(3) 8 937 752 744。

(4) 4 153 768 912 246。

CHAPTER 2

第 2 章　　　　　　　　　　　　　　群

在集合论中有整数、实数和复数这些集合以及它们和其子集的交、并、补等集合的运算,这些运算的结果还是集合。比如,两个整数的子集的交集还是整数的子集,两个复数的子集的并集还是复数的子集合。当然,也了解到了抽象的集合的交、并、补等集合的运算。只是当时没有从代数运算的角度来思考这个问题。同样学习过整数集合、实数集合和复数集合里面的元素是有二元运算的,就是通常意义的加、减、乘、除运算,而且对不同的集合,虽然关于不同的运算它们的性质可能存在一些差异,但是也有相同的性质。比如,整数集、实数集和复数集关于加法都满足结合律、交换率等。非常希望了解这些共性,通过它们的共性来研究它们的性质。因此,考虑抽象的集合,并且考虑它们元素的运算也是抽象的,这样具体的集合和运算就只是一些实例了。人类对事物的认识本身都是从个别到一般,从具体到抽象。本章要讨论的群就是对上述这些具体的带运算集合的一种抽象。

2.1　群的定义

群实际是一个代数系统,就是在集合的基础上考虑集合中元素的运算。在此主要考虑集合中两个元素的运算,可以认为是二元运算的代数系统,通过熟悉的性质来定义新的概念。

定义 2-1　设 S 是一非空集合。如果在 S 上定义了一个代数运算,称为乘法 ·,记为 $a · b$(对于乘法,根据习惯可以省略乘号写出 ab),而且这个运算满足下列条件,那么 $(S, ·)$ 称为一个半群。

(1) S 关于乘法 · 是封闭的,即对于 S 中任意元素 a、b,有 $a · b ∈ S$。

(2) S 对于乘法 ·,结合律成立,即对于 S 中任意元素 a、b、c,有

$$a · (b · c) = (a · b) · c$$

上面定义中的"乘法"并不代表具体的乘法,而是抽象的乘法——代表一种代数运算。类似地,还可以用"加法"定义加法半群。用"乘法"定义的群称为**乘法半群**;用"加法"定义的群称为加法半群或简称**加半群**。"乘法"和"加

法"在具体的代数系统中进行具体的定义,可以是普通乘法和加法,也可以是自定义的乘法和加法。

注:运算的封闭性保证了运算的结果还在原来的集合里面,运算的结合律保证了有限多个元素连续运算,可能不分运算的先后,最终的计算结果是唯一的。

例 2-1　$\mathbf{Z}$ 是整数集合,定义二元运算 $\cdot$,对于 $\mathbf{Z}$ 中任意元素 a、b,有

$$a \cdot b = a + b - ab$$

其中 $+$ 和 $-$ 是通常的加法和减法,ab 是通常的乘法运算,则 $(\mathbf{Z}, \cdot)$ 是半群。

证明:只需要证明半群的两个性质,即封闭性和结合律。

(1) 封闭性:对任意整数 a、b,由于两个整数相加、相乘和相减都是整数,所以有 $a \cdot b$ 还是整数,封闭性成立。

(2) 结合律:对任意整数 a、b、c,需要验证 $(a \cdot b) \cdot c = a \cdot (b \cdot c)$ 是否成立。

由于

$$\begin{aligned}
(a \cdot b) \cdot c &= (a + b - ab) \cdot c \\
&= (a + b - ab) + c - (a + b - ab)c \\
&= a + b + c + abc - ac - bc - ab
\end{aligned}$$

另外

$$\begin{aligned}
a \cdot (b \cdot c) &= a \cdot (b + c - bc) = a + (b + c - bc) - a(b + c - bc) \\
&= a + b + c + abc - ac - bc - ab
\end{aligned}$$

所以

$$(a \cdot b) \cdot c = a \cdot (b \cdot c)$$

结合律成立。

所以 $(\mathbf{Z}, \cdot)$ 是半群。

例 2-2　对自然数集合 $\mathbf{N}$、整数集合 $\mathbf{Z}$、有理数集合 $\mathbf{Q}$、实数集合 $\mathbf{R}$、复数集合 $\mathbf{C}$,关于通常的加法和乘法,它们分别都是半群。

定义 2-2　设 G 是一个乘法半群,而且这个运算满足下列条件,那么 $(G, \cdot)$ 称为一个群。

(1) 在 G 中有一个元素 e(左单位元),对于 G 中任意元素 a,有

$$e \cdot a = a$$

(2) 对于 G 中任一元素 a 都存在 G 中的一个元素 b(左逆元),有

$$b \cdot a = e$$

由于 $(G, \cdot)$ 是半群,所以群满足封闭性和结合律;同时称在群定义的第(1)条为左单位元存在(在后面会证明实际需要单位元存在);称在群定义的第(2)条为任意元素的左逆元存在(在后面会证明实际需要任意元素的逆元存在)。这里的"左"是因为定义中(1)和(2)都是左乘运算,注意如果乘法不满足交换律,则左乘和右乘是不相等的,如矩阵普通乘法的左乘和右乘一般就不相等。

定义 2-2 也可以写成如下形式。

定义 2-2*　设 G 是一非空集合。如果在 G 上定义了一个乘法运算 $\cdot$,这个运算满足如下条件,那么 $(G, \cdot)$ 称为一个群。

(1) G 关于乘法满足封闭性,即对于 G 中任意元素 a、b,有 $a \cdot b \in G$;

(2) G 关于乘法满足结合律,即对于 G 中任意元素 a、b、c,有

$$a \cdot (b \cdot c) = (a \cdot b) \cdot c$$

(3) 左单位元存在,即在 G 中有一个元素 e,对于 G 中任意元素 a,有

$$e \cdot a = a$$

(4) 左逆元存在,即对于 G 中任一元素 a 都存在 G 中的一个元素 b,有

$$b \cdot a = e$$

下面在验证一个代数系统是否是群时,实际就是验证上述 4 个条件是否全部成立。经常情况下,在上下文已知时,为省掉群中的运算符号,直接说集合 G 是群。

下面来看一些群的例子。

例 2-3

(1) 全体非零实数 $R^* = \mathbf{R} \backslash \{0\}$ 对于通常的乘法是一个群。因为:

两个非零实数相乘结果还是一个非零实数,封闭性要求得到满足;

结合律也显然满足;

对于任意 $a \in R^*$,总有 $1 \times a = a$,则 R^* 存在左单位元 $e = 1$;

对于任意 $a \in R^*$,存在左逆元 a^{-1},使

$$a^{-1} \times a = 1 = e$$

(2) 全体正实数对于通常的乘法也是一个群,验证留给读者练习。

(3) 全体整数 $\mathbf{Z}$、全体实数 $\mathbf{R}$、全体复数 $\mathbf{C}$ 对于加法是群。这里只验证整数集合 $\mathbf{Z}$ 是加法群,其余的留给读者练习。

整数集合 $\mathbf{Z}$ 是加法群,这是因为:

两个整数相加仍然是整数,封闭性满足;

结合律显然满足;

存在左单位元 $e = 0$,对于任意 $a \in \mathbf{Z}$,有

$$0 + a = a$$

对于任意 $a \in \mathbf{Z}$,存在左逆元 $-a$,使

$$(-a) + a = 0$$

也可以举出不是群的例子。

例 2-4 自然数集合

$$\mathbf{N} = \{1, 2, 3, \cdots\}$$

对于通常的加法封闭且满足结合律,但不存在左单位元和左逆元,因此对于加法不是群。

有兴趣的读者还可以在熟悉的数集中找出对于通常的运算是群或不是群的例子。

例 2-5 集合 $\{0, 1\}$ 对于模 2(或称异或 $\oplus$)是一个群。显然封闭性和结合律满足;这里的单位元 $e = 0$,因为

$$0 \oplus 0 = 0, \quad 0 \oplus 1 = 1$$

每一个元素的左逆元就是它自己,即

$$0 \oplus 0 = 0, \quad 1 \oplus 1 = 0$$

因此{0,1}对于⊕运算是加法群。

例 2-6　集合的元素不一定是数。举一个集合元素为二阶方阵的例子：

$$\left\{\begin{bmatrix}1 & 0\\0 & 1\end{bmatrix},\begin{bmatrix}-1 & 0\\0 & -1\end{bmatrix},\begin{bmatrix}1 & 0\\0 & -1\end{bmatrix},\begin{bmatrix}-1 & 0\\0 & 1\end{bmatrix}\right\}$$

该集合对于矩阵的普通乘法是一个群，单位元是 $\begin{bmatrix}1 & 0\\0 & 1\end{bmatrix}$。

例 2-7　考虑二阶矩阵集合

$$\left\{\begin{bmatrix}a & b\\c & d\end{bmatrix}\right\}$$

其中 a、b、c、d 为整数，$\begin{vmatrix}a & b\\c & d\end{vmatrix}=1$，则该集合对于普通矩阵乘法构成群。

(1) 封闭性：两个矩阵 A 和 B 相乘仍然是整数二阶矩阵，而且 $|AB|=|A||B|=1$；

(2) 结合律显然满足；

(3) 单位矩阵 $\begin{bmatrix}1 & 0\\0 & 1\end{bmatrix}$ 是单位元；

(4) 任意元素 $\begin{bmatrix}a & b\\c & d\end{bmatrix}$ 的左逆元为 $\begin{bmatrix}d & -b\\-c & a\end{bmatrix}$。

实际上任意阶整数方阵当其行列式等于 ±1 时对于矩阵的普通乘法都构成群。

集合元素可以是任意事物，其中的运算也可以是任意定义的。

例 2-8　N 长二进制序列集合

$$\{a_0 a_1 a_2 \cdots a_{N-1} \mid a_i \in \{0,1\}, \quad 0 \leqslant i < N\}$$

对于异或运算是一个群。其验证作为习题。

定义 2-3　如果群中的运算满足交换律，则这个群称为**交换群**或阿贝尔(Abel)群。

上面的例 2-1～2-6 和例 2-8 中的运算都满足交换律(例 2-6 中的特殊矩阵集合乘法满足交换律)，所构成的群都是阿贝尔群。例 2-7 不是阿贝尔群。

前面在群的定义中，强调的是群满足存在左单位元，且任意元素要有左逆元，细心的读者可能考虑到，群的定义中只指出左单位元、左逆元，是否还有**右单位元和右逆元**。

左逆元也同时是右逆元，左单位元也同时是右单位元，现在证明这一点。

根据群的定义，可以得到群 G 的下列**基本性质**。

(1) 左逆元同时也是右逆元，即对于 a、$b \in G$，如果

$$ba = e$$

则

$$ab = e$$

因此逆元不用再区分左右。

(2) 左单位元同时也是右单位元，即如果对于所有 $a \in G$ 有

$$ea = a$$

则对于所有 $a \in G$ 也有

$$ae = a$$

因此单位元不用再区分左右。

(3) 单位元是唯一的。

(4) 逆元是唯一的。

证明：设 G 是一个群，e 是 G 中的左单位元。

(1) 对于任意的 $a \in G$，设其左逆元为 b，即

$$ba = e$$

又设 b 的左逆元为 b'，即

$$b'b = e$$

于是

$$(b'b)(ab) = e(ab) = (ea)b = ab$$

但又有

$$(b'b)(ab) = b'[(ba)b] = b'(eb) = b'b = e$$

所以得到

$$ab = e$$

即 b 也是 a 的右逆元。

(2) 对于任意的 $a \in G$，设其左(右)逆元为 b。则

$$(ab)a = ea = a$$

又

$$(ab)a = a(ba) = ae$$

所以

$$ae = a$$

故左单位元也是右单位元。

(3) 如果 G 中存在另一单位元 e'，有

$$e = ee' = e'$$

则单位元是唯一的。

(4) 对于任意的 $a \in G$，设 b、c 都是 a 的逆元，则

$$b = be = b(ac) = (ba)c = ec = c$$

则每个元素的逆元是唯一的。

归纳这 4 条性质就是群中的单位元和逆元素都不必再有左、右之分，而且它们都是唯一的。

今后总是用 G 表示群，用 e 表示 G 中的单位元，用 a^{-1} 表示元素 a 的逆元，如图 2-1 所示。

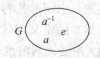

图 2-1 群 G 的单位元和逆元

定义 2-4 如果一个群 G 中元素的个数是无限多个，则称 G 是**无限群**；如果 G 中的元素个数是有限多个，则称 G 是**有限群**，G 中元素的个数称为**群的阶**，记为 $|G|$。在密码算法的设计过程中，有限群是经常用到的基本概念。

下面就常见的计算做一些解释。

由于群里结合律是满足的，所以元素连乘

$$a_1 a_2 \cdots a_n$$

有意义，它也是 G 中的一个元。把 a 的 n 次连乘记为 a^n，称为 a 的 n 次幂(或称乘方)，即

$$a^n = \overbrace{aa\cdots a}^{n}$$

还将 a 的逆元 a^{-1} 的 n 次幂记为 a^{-n}，即

$$a^{-n} = \overbrace{a^{-1}a^{-1}\cdots a^{-1}}^{n}$$

显然有

$$a^{-n}a^n = e$$

由此可以得到，a^{-n} 还是 a^n 的逆元。

$$a^m a^n = a^{m+n}$$
$$(a^n)^m = a^{nm}$$

消去律是元素运算中的一个重要性质，它不是整数、实数和复数特有的性质，它是群共有的一个性质。

定理 2-1　设 G 是一个乘法群，则乘法满足**消去律**，即设 a、x、x'、y、$y' \in G$，

如果 $ax = ax'$，则 $x = x'$；

如果 $ya = y'a$，则 $y = y'$。

证明：假定 $ax = ax'$，那么

$$a^{-1}(ax) = a^{-1}(ax')$$
$$(a^{-1}a)x = (a^{-1}a)x'$$
$$ex = ex'$$
$$x = x'$$

同理可证由 $ya = y'a$，得 $y = y'$。

在任意代数系统中，由于交换性不一定成立，所以左消去律并不一定保证右消去律成立。

定理 2-2　如果 G 是一个群，对于任意 a、$b \in G$，方程

$$ax = b, \quad ya = b$$

有解；反之，如果上述方程在非空集合 G 中有解，而且其中的运算封闭且满足结合律，则 G 是一个群。

证明：如果 G 是一个群，由 $ax = b$ 可得

$$a^{-1}(ax) = a^{-1}b$$
$$x = a^{-1}b$$

于是 $x = a^{-1}b$ 是方程 $ax = b$ 的解。

同理 $y = ba^{-1}$ 是方程 $ya = b$ 的解。

反之，如果方程

$$ax = b, \quad ya = b$$

在 G 中有解，由于 G 非空，所以 G 中有元素 c，而且

$$yc = c$$

有解，设解为

$$y = e$$

对于 G 中的任意元素 a，

$$cx = a$$

有解,所以

$$ea = e(cx) = (ec)x = cx = a$$

则 e 是 G 中的左单位元。同时由于方程 $xa = e$ 有解,a 有左逆元。最后由于运算是封闭且满足结合律的,则 G 是一个群,定理得证。

推论 2-1 如果一个非空集合 G 中的运算封闭且满足结合律,则它是一个群的充分必要条件是对于任意 a、$b \in G$,方程

$$ax = b, \quad ya = b$$

有解。

定理 2-3 如果一个非空有限集合 G 中的运算封闭且满足结合律,则它是一个群的充分必要条件是满足消去律。

证明:必要条件由定理 2-1 立即得到。

现在证明充分条件。需要证明的是如果消去律满足,则对于任意 a、$b \in G$,方程

$$ax = b, \quad ya = b$$

有解。

先证明方程 $ax = b$ 在 G 中有解。

假设 G 有 n 个元素,即

$$G = \{a_1, a_2, a_3, \cdots, a_n\}$$

用 a 左乘 G 中的每个元素得到

$$G' = \{aa_1, aa_2, aa_3, \cdots, aa_n\}$$

由于乘法的封闭性,G' 是 G 的子集,而且 G' 中的 n 个元素两两不同,不然假设存在

$$aa_i = aa_j, \quad 其中 i \neq j$$

由消去律得

$$a_i = a_j, \quad 其中 i \neq j$$

这是不可能的。于是 G' 也有 n 个两两不同的元素,则

$$G' = G$$

设

$$b = aa_k$$

则 a_k 就是以上方程的解。

同样可证 $ya = b$ 有解。

由定理 2-2,G 是一个群。定理证毕。

现在来看对于非空无限集合 G 定理是否合适。

无限集合 G 可表示为

$$G = \{a_1, a_2, a_3, \cdots\}$$

用 a 左乘 G 中的每个元素得到

$$G' = \{aa_1, aa_2, aa_3, \cdots\}$$

由于乘法的封闭性,G' 是 G 的子集,而且类似上面可证 G' 中元素两两不同且与 G 中元素一一对应。但不能得到 $G' = G$,因为无限集合是可以和它的真子集有一一对应关系的,例如整数集合 $\mathbf{Z}$ 和偶数集合 $2\mathbf{Z}$ 就有一一对应关系,如图 2-2 所示,而 $2\mathbf{Z}$ 确实是 $\mathbf{Z}$ 的一个真

子集。

...	-3	-2	-1	0	1	2	3	...
...	-6	-4	-2	0	2	4	6	...

图 2-2 整数集合 **Z** 和偶数集合 2**Z** 的一一对应举例

显然有限集合是不可能与它的一个真子集有一一对应关系的。对于一般集合(无限集或有限集)G、G',$G'=G$ 的条件是 G、G' 互相包含,即 $G'\subseteq G$ 同时 $G\subseteq G'$。

2.2 子群

前面学习了群的定义及一些基本性质,本节考虑其子集合上的代数系统。

定义 2-5 一个群 G 的一个子集 H 如果对于 G 的乘法构成一个群,则称为 G 的**子群**。

对任意一个群 G 至少有两个子群:G 本身;只包含单位元的子集 $\{e\}$,它们称为 G 的**平凡子群**,其他子群称为**真子群**。

例 2-9 设 m 是一个正整数。整数加群 Z 中每个元素的 m 倍数

$$\{0,\pm m,\pm 2m,\pm 3m,\cdots\}$$

对加法也构成群,它是 Z 的子群,记为 mZ。

从例 2-9 可以看出,mZ 的单位元和 Z 的单位元是同一个,都是 0,而 mZ 中元素 im(i 是整数)的逆元 $-im$ 也是 im 在 Z 中的逆元。那么一个群和它的子群是否总具有同一个单位元? 而子群中的元素的逆元是否总和原群中的逆元相同呢? 下面的引理回答了这个问题。

引理 2-1 一个群 G 和它的一个子群 H 有:

(1) G 的单位元和 H 的单位元是同一的;

(2) 如果 $a\in H$,a^{-1} 是 a 在 G 中的逆元,则 $a^{-1}\in H$。

证明:对于任意 $a\in H$,有 $a\in G$。这里使用反证法。

(1) 设 G 的单位元为 e,H 的单位元为 e',而且

$$e\neq e'$$

由于 $e'\in G$,则 $ae=ae'$,又在子群中消去律成立,故

$$e=e'$$

(2) 对于任意 $a\in H$,假设 $a^{-1}\notin H$,则 a 在 H 中存在另一逆元 a',由于 $a'\in G$,则 a 在 G 中存在两个逆元,得到矛盾,故 $a^{-1}\in H$。

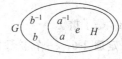

图 2-3 群 G 和一个子群 H

正如图 2-3 所示,在子群里面的元素,其逆元也在子群里面;而子群外的元素其逆元也在子群外。

在引理 2-1 的基础上给出判别一个子集是否为子群的条件。

定理 2-4 一个群 G 的一个非空子集 H 构成一个子群的充分必要条件是:

(1) 对于任意的 $a,b\in H$,有 $ab\in H$;

(2) 对于任意 $a\in H$,有 $a^{-1}\in H$。

证明:首先证明充分条件。

由于条件(1),得 H 是封闭的。

结合律在 G 中成立,故在 H 中自然成立。

现在证明 H 中有单位元。对于任意 $a \in H$,由于 $a \in G$,所以存在 a^{-1} 使

$$a^{-1}a = e$$

由(2)有 $a^{-1} \in H$,由(1)就有 $a^{-1}a \in H$,于是

$$a^{-1}a = e \in H$$

则 G 中的单位元在 H 中。H 不可能再有单位元,否则 G 的单位元不唯一。

由(2),H 中的每个元素都有逆元。

故 H 是一个群。

现在证明必要条件。

(1) 是封闭性,是必要的。(2) 由引理 2-1 知也是必要的。证毕。

下面的定理 2-5 给出了比定理 2-4 更紧凑的判别条件。

定理 2-5 一个群 G 的一个非空子集 H 构成一个子群的充分必要条件是:对于任意 a,$b \in H$,有

$$ab^{-1} \in H$$

证明:证明这个条件和定理 2-4 的两个条件是一致的。

先证明由定理 2-4 的两个条件可推出这个条件。

由 a、$b \in H$,有 $b^{-1} \in H$,则 $ab^{-1} \in H$。

反过来,这个条件可推出定理 2-4 的两个条件。

由 $a \in H$,有 $aa^{-1} = e \in H$,于是 $ea^{-1} = a^{-1} \in H$。

又由 a、$b \in H$,参照上一行,有 $b^{-1} \in H$,于是 $a(b^{-1})^{-1} = ab \in H$。证毕。

定理 2-5 实际上是将定理 2-4 的两个条件合并为一个。

例 2-10 例 2-9 用定义判断了 mZ 是 Z 的子群,现在用定理 2-5 来判断 mZ 是 Z 的子群。

设 a、$b \in mZ$,则有 t_1、$t_2 \in Z$,使

$$a = mt_1, \quad b = mt_2$$

b 在 Z 中的加法逆元是 $-b$,于是

$$a + (-b) = mt_1 + (-mt_2) = m(t_1 - t_2)$$

由于 $t_3 = t_1 - t_2 \in Z$,所以

$$a + (-b) = mt_3 \in mZ$$

则 mZ 是子群。

定理 2-6 一个群 G 的一个非空有限子集 H 构成一个子群的充分必要条件是:对于任意 a、$b \in H$,有

$$ab \in H$$

证明:H 是有限集合,证明 H 满足 2.1 节中的定理 2-3 的 3 个条件。

定理中的条件保证 H 封闭性满足;

结合律在 G 中满足,在 H 中自然满足;

消去律在 G 中满足,在 H 中自然满足。

故 H 是一个群。

定理 2-6 表明一个群的一个非空有限子集是一个群的充分必要条件是：只要它满足封闭性。

例 2-11　复数域上的 8 次方程 $z^8-1=0$ 的根集合

$$\{e^{\frac{2k\pi}{8}i}, \quad k=0,1,2,\cdots,7\}$$

是一个乘法群。由定理 2-6 可验证其中的子集

$$\{e^{\frac{2\times(2k)\pi}{8}i}, \quad k=0,1,2,3\}$$

是一个子群。

2.3　同构和同态

同构是将两个看似不相关的事物联系起来,通过研究其中一个而观察另一个的性质。先看一个计算机通信编码中的例子。

例 2-12　下列码字集合

$$\{(0000),(1001),(0111),(1110)\}$$

在异或运算下是一个群。令每一个码字都对应一个多项式:

$$(0000)\Leftrightarrow 0+0\cdot x+0\cdot x^2+0\cdot x^3=0 \quad (零多项式)$$

$$(1001)\Leftrightarrow 1+0\cdot x+0\cdot x^2+1\cdot x^3=1+x^3$$

$$(0111)\Leftrightarrow 0+1\cdot x+1\cdot x^2+1\cdot x^3=x+x^2+x^3$$

$$(1110)\Leftrightarrow 1+1\cdot x+1\cdot x^2+0\cdot x^3=1+x+x^2$$

任何两个码字异或的结果码字所对应的多项式正好是两个码字对应多项式之和(系数模 2 和)。例如

$$(1001)\oplus(0111)=(1110)$$

对应的多项式之和为

$$(1+x^3)+(x+x^2+x^3)=1+x+x^2$$

即

$$(1001)\oplus(0111)\Leftrightarrow(1+x^3)+(x+x^2+x^3)$$

容易看出,多项式集合

$$\{0,1+x^3,x+x^2+x^3,1+x+x^2\}$$

对于多项式加法也构成群。这个群和上面的码字群是同构的。这样就可以把每一个码字看成它对应的多项式,对码字的研究就可以借助多项式理论进行,实际上在编码研究中就是这么做的。

在讨论同构和同态之前,先回顾一下映射的概念。

定义 2-6　一个集合 A 到另一个集合 B 的映射 f 是对于任意 $a\in A$,都有唯一确定的

$$b=f(a)\in B$$

与之对应。b 称为 a 在 f 下的**像**,而 a 称为 b 在 f 下的一个**原像**,如图 2-4 所示。

图 2-4　集合 A 到集合 B 的映射 f

对于任意 a、$b \in A$,如果 $a \neq b$,就有 $f(a) \neq f(b)$,则称 f 为**单射**。对于任意 $b \in B$,总有 $a \in A$,使 $f(a) = b$,则称 f 为**满射**。既是满射又是单射的映射称为一一**映射**。

单射的含义就是 A 中的不同的元素在 B 中有不同的像。满射是 B 中的每个元素都成为 A 中元素的一个像。一一映射是 A 中的元素与 B 中的元素一一对应。

例 2-13 (1) 设 $A = \{1,2,3\}$, $B = \{2,4,6,8\}$。

图 2-5 中的映射 f 是一个单射(但不是满射)。

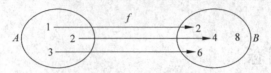

图 2-5 一个单射的例子

(2) 设 $A = \{0,1,2,3\}$, $B = \{2,4,6\}$。

图 2-6 中的映射 f 是一个满射(但不是单射)。

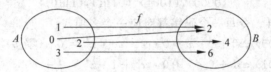

图 2-6 一个满射的例子

(3) 设 $A = \{1,2,3\}$, $B = \{2,4,6\}$。

图 2-7 中的映射 f 是一个单射,又是一个满射,它是一一映射。

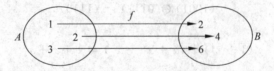

图 2-7 一个一一映射的例子

显然一个一一映射 $f: A \to B$ 存在一个**逆映射**

$$f^{-1}: B \to A$$

它也是一一映射。

例 2-14 图 2-8 是图 2-7 中的映射的逆映射 f^{-1}。

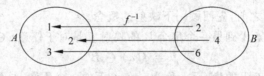

图 2-8 一个逆映射的例子

定义 2-7 如果 $A = B$,映射 f 也称为**变换**,即一个集合到自身的映射称为变换。

定义 2-8 如果一个集合 A 到自身的映射 f 定义为:对于任意 $a \in A$,有

$$f(a) = a$$

则称映射 f 为**恒等映射**、**单位映射**或**恒等变换**,记为 I。

映射是集合中元素到集合中元素的对应,而元素之间没有考虑二元运算。下面讨论群中元素到群中元素的对应,并且满足下面的同态性质。

定义 2-9 设代数系统 $(A, \cdot)$ 和代数系统 $(B, \odot)$,如果存在映射 f,把 A 中的元素映射到 B 中,并且对于任意 $a、b \in A$,都有

$$f(a \cdot b) = f(a) \odot f(b)$$

那么这个映射属于**同态映射**("同态"可以理解为"同样形态")。如果同态映射还是一一映射,则称为**同构映射**。

注:代数系统可以是半群、群等。

例 2-15 假设整数集合 **Z** 里的运算是加法,**Z** 通过映射

$$f: a \to e^a$$

产生一个实数集合(这里的 e 是自然常数):

$$\{e^a \mid a \in \mathbf{Z}\}$$

定义这个实数集合里的运算是乘法,于是有

$$f(a + b) = f(a) f(b)$$

显然 Z 中的运算在 $\{e^a \mid a \in \mathbf{Z}\}$ 中得到了保持,f 就是一个同态映射。

例 2-15 的映射 $f: a \to e^a$ 就是一个一一映射,所以 f 为同构映射。

下面主要关心群上的同态和同构。

定义 2-10 设 $(G, \cdot)$ 和 $(G', \odot)$ 是两个群,f 是 G 到 G' 的一个映射。如果对于任意 $a、b \in G$,都有

$$f(a \cdot b) = f(a) \odot f(b)$$

则称 f 是 G 到 G' 的同态映射。

由定义可以看出,G 中的运算在映射 f 下在 G' 中得到保持。

同态映射也简称为同态。如果 f 是单射,则称 f 是**单同态**;如果 f 是满射,则称 f 是**满同态**;如果 f 是一一映射,则称 f 是**同构映射**。

如果 $G = G'$,同态 f 称为**自同态**,同构映射 f 称为**自同构映射**。

为了简单方便,经常会省略二元运算符,把保持运算的性质写成 $f(ab) = f(a)f(b)$。但大家要知道这并不是就说群 G 和 G' 有相同的二元运算。

例 2-16 整数加法群 Z 到非零实数乘法群 $R^* = R \setminus \{0\}$ 的映射

$$f: a \to e^a$$

是 Z 到 R^* 的一个同态。

例 2-17 任何群 A 都存在到乘法群 $\{1\}$ 的同态:

$$f: 对于任意 a \in A, a \to 1$$

例 2-18 整数加法群 Z 到其子群 mZ 的映射

$$f(a) = ma$$

是同构映射。

例 2-19 群上的单位映射 I 是自同构映射。

下面给出在群同态下的几个性质。

定理 2-7 假设 G 和 G' 是两个群,在 G 到 G' 的一个同态(映射)f 之下,

(1) G 的单位元 e 的像 $f(e)$ 是 G' 的单位元 e',即

$$f(e) = e'$$

(2) G 中任意元 a 的逆元 a^{-1} 的像 $f(a^{-1})$ 是 $f(a)$ 的逆元,即

$$f(a^{-1}) = f(a)^{-1}$$

(3) G 在 f 下的像的集合

$$\{f(a) \mid a \in G\}$$

是 G' 的子群,称为 f 的**像子群**。当 f 是满同态时,像子群就是 G' 本身。

证明

(1) 由于

$$f(e)f(e) = f(e^2) = f(e)$$

两边同乘 $f(e)^{-1}$,得

$$f(e) = e'$$

(2) 对于任意 $a \in G$ 有

$$f(a^{-1})f(a) = f(a^{-1}a) = f(e) = e'$$

所以

$$f(a^{-1}) = f(a)^{-1}$$

(3) 如果 a'、$b' \in \{f(a)|a \in G\}$,则存在 $a、b \in G$ 满足 $a' = f(a)$、$b' = f(b)$,则

$$a'b'^{-1} = f(a)f(b)^{-1} = f(a)f(b^{-1}) = f(ab^{-1}) \in \{f(a) \mid a \in G\}$$

由 2.2 节中的定理 2-5,得 $\{f(a)|a \in G\}$ 是 G' 的子群。

显然,当 f 是满同态时,像子群就是 G' 本身。

定义 2-11 设 G 和 G' 是两个群,如果存在一个 G 到 G' 的同构映射,则称 G 与 G' **同构**,记为 $G \cong G'$。如果 $G = G'$,则称 G **自同构**。

例 2-20 整数加法群 Z 和偶数加法群 E 同构。

注:例 2-20 说明了群可以与它的真子群同构,这与集合可以一一影射到它的真子集上类似。

例 2-21 实数加法群 R 和正实数乘法群 R^+ 同构。同构映射为

$$f(a) = e^a$$

例 2-22 任意一个二阶群都与乘法群 $\{1, -1\}$ 同构。

证明:设一个任意二阶群为 $A = \{e, a\}$,e 为单位元。构造如下 A 到乘法群 $\{1, -1\}$ 的映射:

$$f: e \to 1, a \to -1$$

显然 f 是同构映射,于是 A 与乘法群 $\{1, -1\}$ 同构。

可以看出,群的同构具有自反性、对称性和传递性,即它是等价关系。

(1) $G \cong G$。

(2) 由 $G \cong G'$ 可推出 $G' \cong G$。

(3) 由 $G \cong G'$ 和 $G' \cong G''$ 可推出 $G \cong G''$。

证明留做习题。

最后介绍一个特殊的又非常有用的子群——**同态映射的核**。

定义 2-12 假设 f 是 G 到 G' 的同态映射。对于任意 $a' \in G'$,集合

$$\{a \in G \mid f(a) = a'\}$$

可能是空集,也可能包含一个以上的元素(当 f 不是单射时可能有多个元素)。称这个集合是 a' 的**完全反像**。特别地,单位元 e' 的完全反像称为同态映射 f 的核,记为 $\ker(f)$,即

$$\ker(f) = \{a \in G \mid f(a) = e'\}$$

定理 2-8　$\ker(f)$ 是 G 的子群,称为 f 的**核子群**。

证明:由于一定有 $e \in \ker(f)$,所以 $\ker(f)$ 不会是空集。如果 a、$b \in \ker(f)$,则

$$f(a) = e', \quad f(b) = e', \quad f(b)^{-1} = (e')^{-1} = e'$$

于是

$$f(ab^{-1}) = f(a)f(b^{-1}) = f(a)f(b)^{-1} = e'e' = e'$$

所以 $ab^{-1} \in \ker(f)$,故 $\ker(f)$ 是 G 的子群。

单同态与核子群的关系由下面的定理给出。

定理 2-9　G 到 G' 的同态映射 f 是单同态的充分必要条件是

$$\ker(f) = \{e\}$$

即核子群只含有单位元。

证明:先证充分条件。

用反证法,假设 f 不是单同态。即存在 a、$b \in G, a \neq b$,有

$$f(a) = f(b)$$

于是

$$f(a)f(b)^{-1} = e'$$

由于 f 是同态,则

$$f(ab^{-1}) = e'$$

而由 $a \neq b$,有 $ab^{-1} \neq e$,这与 $\ker(f) = \{e\}$ 矛盾,故 f 是单射,因而是单同态。

必要条件证明。由于 $e \in \ker(f)$,如果 $\ker(f)$ 还包含其他元素,则 f 不是单射,故

$$\ker(f) = \{e\}$$

同态映射和核子群、像子群的关系如图 2-9 所示。

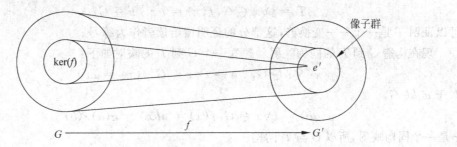

图 2-9　同态映射和核子群、像子群的关系

2.4　变换群与置换群

前面曾提到,变换是一个集合到自身的映射。本节将讨论一种新的群。已经知道所有变换组成一个集合,本节将尝试在该集合上定义运算,并讨论它们的性质。

例 2-23 实数集合 **R** 到 **R** 的一个变换 f:对于任意 $a \in \mathbf{R}$,有

$$f(a) = a^2$$

例 2-24 集合 $A = \{1, 2\}$,它的全部变换为:

$$f_1: 1 \rightarrow 1, 2 \rightarrow 1$$
$$f_2: 1 \rightarrow 2, 2 \rightarrow 2$$
$$f_3: 1 \rightarrow 1, 2 \rightarrow 2$$
$$f_4: 1 \rightarrow 2, 2 \rightarrow 1$$

其中 f_3 和 f_4 是一一变换。

在例 2-24 中,枚举了 A 到 A 的所有变换,以这些变换构成的集合为 $\{f_1, f_2, f_3, f_4\}$。

定义 2-13 规定集合 A 上的两个**变换 f 和 g 的乘法**如下:对于任意 $a \in \mathbf{R}$,有

$$fg(a) = f(g(a))$$

注:显然,fg 仍然是集合 A 上的变换。

例 2-25 集合 $A = \{1, 2, 3, 4\}$。设变换 f 为:

$$1 \rightarrow 2, \quad 2 \rightarrow 4, \quad 3 \rightarrow 1, \quad 4 \rightarrow 3$$

变换 g 为:

$$1 \rightarrow 3, \quad 2 \rightarrow 1, \quad 3 \rightarrow 2, \quad 4 \rightarrow 4$$

则 fg 为:

$$1 \rightarrow 1, \quad 2 \rightarrow 2, \quad 3 \rightarrow 4, \quad 4 \rightarrow 3$$

定义 2-14 一个集合的若干变换如果对于变换的乘法构成群,则称为**变换群**。

变换群一般不是交换群。

在群论的发展历史上,人们首先研究的是变换群,然后才开始关心不涉及群元素具体性质的抽象群,那么在本质上变换群是否与抽象群一样呢?

定理 2-10(Cayley 定理) 任何一个群都同构于一个变换群。

证明:证明的思路是对于任意一个群,因此需要构造出与之同构的一个变换群。

设 G 是一个群,这里构造如下一个变换集合 T:

$$T = \{\forall x \in G, f(x) = ux \mid u \in G\}$$

可以证明 T 是一个一一变换群,这部分的证明留给读者作为练习。

现在构造 G 到 T 的同构映射。建立一个 G 到 T 的映射如下:

$$\pi: \forall a \in G, \quad a \rightarrow (\forall x \in G, f(x) = ax)$$

对于 a、$b \in G$,

$$\pi(ab) = (\forall x \in G, f(x) = abx) = \pi(a)\pi(b)$$

π 是一个同构映射,所以 G 与 T 同构。

例 2-26 由 2.1 节中的例 2-6 知道,下面的矩阵集合

$$A = \left\{ \begin{bmatrix} 1 & 0 \\ 0 & 1 \end{bmatrix}, \begin{bmatrix} -1 & 0 \\ 0 & -1 \end{bmatrix}, \begin{bmatrix} 1 & 0 \\ 0 & -1 \end{bmatrix}, \begin{bmatrix} -1 & 0 \\ 0 & 1 \end{bmatrix} \right\}$$

是一个乘法群,单位元是 $\begin{bmatrix} 1 & 0 \\ 0 & 1 \end{bmatrix}$。构造一个与之同构的变换群。

$$f_1: \forall a \in A, \quad a \rightarrow \begin{bmatrix} 1 & 0 \\ 0 & 1 \end{bmatrix} a$$

$$f_2: \forall a \in A, \quad a \rightarrow \begin{bmatrix} -1 & 0 \\ 0 & -1 \end{bmatrix} a$$

$$f_3: \forall a \in A, \quad a \rightarrow \begin{bmatrix} 1 & 0 \\ 0 & -1 \end{bmatrix} a$$

$$f_4: \forall a \in A, \quad a \rightarrow \begin{bmatrix} -1 & 0 \\ 0 & 1 \end{bmatrix} a$$

$T = (f_1, f_2, f_3, f_4)$ 是一个变换群。A 到 T 的同构映射是：

$$\pi: \begin{bmatrix} 1 & 0 \\ 0 & 1 \end{bmatrix} \rightarrow f_1, \quad \begin{bmatrix} -1 & 0 \\ 0 & -1 \end{bmatrix} \rightarrow f_2, \quad \begin{bmatrix} 1 & 0 \\ 0 & -1 \end{bmatrix} \rightarrow f_3, \quad \begin{bmatrix} -1 & 0 \\ 0 & 1 \end{bmatrix} \rightarrow f_4$$

例 2-27 构造与非零实数乘法群 $R^* = R \setminus \{0\}$ 同构的变换群。

R^* 的变换集合

$$T = \{\forall x \in R^*, f(x) = ux \mid u \in R^*\}$$

是一个变换群。R^* 到 T 的同构映射：

$$\pi: \forall a \in R^*, \quad a \rightarrow (\forall x \in R^*, f(x) = ax)$$

T 与 R^* 同构。

现在讨论一种特殊的变换群——**置换群**。

定义 2-15 一个有限集合的一一变换称为**置换**。

设一个有限集合 A 有 n 个元素，即

$$A = \{a_1, a_2, a_3, \cdots, a_n\}$$

则一个置换 π 可以表示为：

$$a_i \rightarrow a_{k_i}, \quad i = 1、2、3、\cdots、n$$

也可表示为：

$$\begin{bmatrix} a_1 & a_2 & \cdots & a_n \\ a_{k_1} & a_{k_2} & \cdots & a_{k_n} \end{bmatrix}$$

如果抽掉元素的具体内容，置换 π 还可表示为：

$$\begin{bmatrix} 1 & 2 & \cdots & n \\ k_1 & k_2 & \cdots & k_n \end{bmatrix}$$

由于置换 π 是上下两行元素之间的对应关系，而与第一行元素的次序无关，所以 π 也可以表示为

$$\begin{bmatrix} 2 & 1 & 3 & \cdots & n \\ k_2 & k_1 & k_3 & \cdots & k_n \end{bmatrix}$$

实际上，第一行元素的任意一个排列都是一种表示，但一般情况下还是用 $(1,2,3,\cdots,n)$ 次序表达。

例 2-28 $n = 3$，置换 π：

$$a_1 \rightarrow a_2, \quad a_2 \rightarrow a_3, \quad a_3 \rightarrow a_1$$

于是

$$\pi = \begin{bmatrix} 1 & 2 & 3 \\ 2 & 3 & 1 \end{bmatrix} = \begin{bmatrix} 1 & 3 & 2 \\ 2 & 1 & 3 \end{bmatrix} = \begin{bmatrix} 2 & 1 & 3 \\ 3 & 2 & 1 \end{bmatrix} = \begin{bmatrix} 2 & 3 & 1 \\ 3 & 1 & 2 \end{bmatrix} = \begin{bmatrix} 3 & 1 & 2 \\ 1 & 2 & 3 \end{bmatrix} = \begin{bmatrix} 3 & 2 & 1 \\ 1 & 3 & 2 \end{bmatrix}$$

一个有限集合的若干置换构成的群称为**置换群**。

定理 2-11　一个有限集合的所有置换对于变换的乘法构成一个群。

证明：设一个有限集合 A 的所有置换的集合为 S。

(1) 封闭性。假设 f、$g \in S$,对于任意 a、$b \in A$,如果 $a \neq b$,则有

$$g(a) \neq g(b)$$
$$f(g(a)) \neq f(g(b))$$
$$fg(a) \neq fg(b)$$

所以 fg 是单射,又由于 g 和 f 是满射,因此 fg 也是满射,故 fg 是一一变换,S 对于乘法是封闭的。

(2) 结合律。假设 f、g、$h \in S$,对于任意 $a \in A$,有

$$f(gh)(a) = f(g(h(a)))$$

又有

$$(fg)h(a) = f(g(h(a)))$$

故结合律成立。

(3) 单位元存在。S 中存在乘法单位元,即恒等变换 I。

(4) 逆元存在。任意 $f \in S$ 是一一映射,所以它存在逆映射 f^{-1}。f^{-1} 也是一一变换,是 S 中 f 的逆元。

所以 S 对于变换的乘法是一个群。

一个包含 n 个元素的集合的全体置换构成的群称为 **n 次对称群**,记为 S_n。置换群是对称群的子群。

由初等数学中排列组合知识可以得知,一个置换实际上就是 A 元素的一次排列,n 个元素的总排列次数是 $n!$,所以 n 次对称群 S_n 的阶为

$$|S_n| = n!$$

例 2-29　3 次对称群 S_3,它有 $3!=6$ 个元素。即

$$\begin{bmatrix} 1 & 2 & 3 \\ 1 & 2 & 3 \end{bmatrix}, \quad \begin{bmatrix} 1 & 2 & 3 \\ 2 & 3 & 1 \end{bmatrix}, \quad \begin{bmatrix} 1 & 2 & 3 \\ 3 & 1 & 2 \end{bmatrix},$$

$$\begin{bmatrix} 1 & 2 & 3 \\ 1 & 3 & 2 \end{bmatrix}, \quad \begin{bmatrix} 1 & 2 & 3 \\ 3 & 2 & 1 \end{bmatrix}, \quad \begin{bmatrix} 1 & 2 & 3 \\ 2 & 1 & 3 \end{bmatrix}$$

读者可以验证,S_3 是一个非交换群。

注意,例 2-29 中的 S_3 包含 6 种变换与例 2-28 中的一种变换有 6 种表示不要混淆。实际上例 2-28 的变换 π 包含在 S_3 中,而 S_3 的每一种变换都可以有 6 种表示。

26 个英文字母集合的对称群的阶为 $26! \approx 4 \times 10^{27}$,这是一个天文数字,可见置换是一种有效的加密方法,将一段英文文字的字母进行置换,在不知道置换规则的情况下要破译是相当困难的。置换加密技术在古代和现代密码历史上都发挥了重要的作用。

由定理 2-10 立即得到(注意定理 2-10 的证明过程中构造的变换群包含的都是一一变换)如下定理。

定理 2-12　每一个有限群都与对称群的一个子群,即一个置换群同构。

现在讨论置换中非常重要的**循环置换**,或简称**循环**。

定义 2-16　S_n 的一个如下置换 δ:

$$a_{i_1} \rightarrow a_{i_2}, \quad a_{i_2} \rightarrow a_{i_3}, \quad \cdots, \quad a_{i_k} \rightarrow a_{i_1}$$

其余元素保持不变,即

$$a_{i_j} \to a_{i_j}, \quad j \notin \{1, 2, \cdots, k\}$$

称为 k-循环。k-循环 δ 可以用下面的符号表示:

$$\delta = (i_1 i_2 \cdots i_k)$$

δ 同样可以表示为:

$$\delta = (i_2 i_3 \cdots i_k i_1) = \cdots = (i_k i_1 i_2 \cdots i_{k-1})$$

定义中的 k 循环多种表示与一种置换的多种表示是同样的道理。容易证明

$$\delta^k = I \quad (I\text{-恒等变换})$$

在 k 循环中,2-循环称为**对换**。

例 2-30　列举 S_5 中 3 个循环的例子:

$$\delta_1 = \begin{pmatrix} 1 & 2 & 3 & 4 & 5 \\ 2 & 3 & 1 & 4 & 5 \end{pmatrix} = (1 \quad 2 \quad 3) = (2 \quad 3 \quad 1) = (3 \quad 1 \quad 2)$$

$$\delta_2 = \begin{pmatrix} 1 & 2 & 3 & 4 & 5 \\ 2 & 3 & 4 & 5 & 1 \end{pmatrix} = (1 \quad 2 \quad 3 \quad 4 \quad 5) = (2 \quad 3 \quad 4 \quad 5 \quad 1) = \cdots = (5 \quad 1 \quad 2 \quad 3 \quad 4)$$

$$\delta_3 = \begin{pmatrix} 3 & 4 \\ 4 & 3 \end{pmatrix} = (3 \quad 4)$$

δ_1 是 3-循环;δ_2 是 5-循环;δ_3 是 2-循环,即对换。

两个循环

$$\alpha = (i_1 i_2 \cdots i_k)$$

和

$$\beta = (j_1 j_2 \cdots j_m)$$

如果对于任意 r 和 s,都有 $i_r \neq j_s$,则称 α 和 β 是**不相交循环**。

从例 2-29 曾看到,置换的乘积一般是不可交换的,但对于不相交循环有下列定理。

定理 2-13　不相交循环的乘积是可交换的。

定理的证明留给读者做练习。

循环的重要意义在于下面的定理。

先看一个置换:

$$\pi = \begin{pmatrix} 1 & 2 & 3 & 4 & 5 & 6 & 7 & 8 \\ 5 & 3 & 6 & 7 & 1 & 2 & 4 & 8 \end{pmatrix}$$

将 π 次序调换,发现 π 含有 3 个循环并且是这 3 个循环的乘积,即

$$\pi = \begin{pmatrix} 1 & 5 & 2 & 3 & 6 & 4 & 7 & 8 \\ 5 & 1 & 3 & 6 & 2 & 7 & 4 & 8 \end{pmatrix} = (1 \quad 5)(2 \quad 3 \quad 6)(4 \quad 7)(8) = (1 \quad 5)(2 \quad 3 \quad 6)(4 \quad 7)$$

由于定理 2-13,上面分解式各个循环的顺序可以随意。1-循环(8)是恒等变换。一般地,有如下定理。

定理 2-14　任一置换都可表示为若干个两两不相交的循环的乘积,而且表示是唯一的。

证明:假设 π 是一个 n 元置换:

$$\pi = \begin{pmatrix} 1 & 2 & \cdots & n \\ k_1 & k_2 & \cdots & k_n \end{pmatrix}$$

首先将置换中的 1 阶循环元素划掉。从剩下的元素中任选 a_1,连续做置换:

$$a_1 \rightarrow a_2 \rightarrow a_3 \rightarrow a_4 \rightarrow a_5 \rightarrow a_6 \rightarrow \cdots$$

由于元素个数是有限的,则这个序列进行下去 定有

$$a_i = a_j$$

可以证明 $i=1$。因为 π 是一一变换,则如果 $a_i = a_j$,就有 $a_{i-1} = a_{j-1}$,接着又有

$$a_{i-2} = a_{j-2}, \quad a_{i-3} = a_{j-3}, \quad \cdots, \quad a_1 = a_{j-i+1}$$

于是上面的置换序列是以 a_1 开始的若干元素的循环。将这些元素划掉,再从剩下的元素中任选一个元素重复上述过程,又会得到一个循环,而且与上一个循环不会相交。反复如此,最后一直到 n 个元素全部划掉,就将 π 分解成了若干两两不相交的循环(由于 π 是一一变换,所以它们不相交),π 可表示为它们的乘积。

唯一性证明。

如果分解不唯一,假设 π 有两个不同的分解式,则会存在两个元素 i、j,在第一个分解式里 j 紧接着 i 出现,但在第二种分解式紧接着 i 的却不是 j,这意味着在第一个分解式里 $\pi(i)=j$,而在第二种分解式里 $\pi(i) \neq j$,得到矛盾。定理证毕。

这里指出,任何循环 $(i_1 i_2 \cdots i_k)$ 都可表示为对换的乘积,即

$$(i_1 i_2 \cdots i_k) = (i_1 i_k)(i_1 i_{k-1}) \cdots (i_1 i_2)$$

利用变换的乘法很容易验证上式。计算 $(i_1 i_k)(i_1 i_{k-1}) \cdots (i_1 i_2)$ 如下:

$$i_1 \rightarrow i_2$$
$$i_2 \rightarrow i_1 \rightarrow i_3$$
$$i_3 \rightarrow i_1 \rightarrow i_4$$
$$i_4 \rightarrow i_1 \rightarrow i_5$$
$$\cdots$$
$$i_{k-1} \rightarrow i_1 \rightarrow i_k$$
$$i_k \rightarrow i_1$$

即

$$i_1 \rightarrow i_2 \rightarrow i_3 \rightarrow i_4 \cdots \rightarrow i_{k-1} \rightarrow i_k$$

正好等于循环 $(i_1 i_2 \cdots i_k)$。

例 2-31 循环表示为对换的积:

$$\alpha = \begin{pmatrix} 1 & 2 & 3 & 4 & 5 & 6 & 7 \\ 5 & 1 & 7 & 6 & 4 & 3 & 2 \end{pmatrix} = (1 \ 5 \ 4 \ 6 \ 3 \ 7 \ 2)$$
$$= (1 \ 2)(1 \ 7)(1 \ 3)(1 \ 6)(1 \ 4)(1 \ 5)$$
$$\beta = \begin{pmatrix} 1 & 2 & 3 & 4 & 5 & 6 & 7 \\ 3 & 4 & 6 & 7 & 1 & 5 & 2 \end{pmatrix} = (1 \ 3 \ 6 \ 5)(2 \ 4 \ 7)$$
$$= (1 \ 5)(1 \ 6)(1 \ 3)(2 \ 7)(2 \ 4)$$

当然任何一个置换写出对换的形式不是唯一的。很容易验证

$$(i_1 i_2 \cdots i_k) = (i_1 i_2)(i_2 i_3) \cdots (i_{k-1} i_k)$$

虽然每个置换写出的对换不唯一,但是它们的奇偶性是不变的。

定义 2-17 如果一个置换可以表示为偶数个对换的乘积,则称为**偶置换**;如果一个置换可以表示为奇数个对换的乘积,则称为**奇置换**。

显然两个偶置换的乘积为偶置换,两个奇置换的乘积也是偶置换,但一个偶置换和一个奇置换的乘积为奇置换。

n 元偶置换全体组成的集合为 A_n。

定理 2-15 A_n 对乘法构成一个群,称为**交错群**,其阶为

$$|A_n| = n!/2$$

证明: $A_n = \{\pi \mid \pi \in S_n, \pi \text{ 是偶置换}\}$,$A_n$ 是对称群 S_n 的一个有限子集。如果 π_1、$\pi_2 \in A_n$,由于两个偶置换的乘积依然是偶置换,所以

$$\pi_1\pi_2 \in A_n$$

由 2.2 节中的定理 2-6 得 A_n 是 S_n 的一个子群。

设 $B_n = \{\pi \mid \pi \in S_n, \pi \text{ 是奇置换}\}$,则

$$S_n = A_n \bigcup B_n$$

取一个奇置换 $\lambda \in B_n$,由于 S_n 是有限群,于是有

$$S_n = \lambda A_n \bigcup \lambda B_n$$

由于奇置换和偶置换的乘积为奇置换,现在 λA_n 是奇置换集合而 λB_n 成为偶置换集合,于是

$$S_n = \lambda A_n \bigcup A_n$$
$$|S_n| = |\lambda A_n| + |A_n| = 2|A_n|$$
$$|A_n| = |S_n|/2 = n!/2$$

习题 2

题 2-1 下面各集合对相应定义的运算"·",哪些构成群? 哪些不构成群? 并说明理由。

(1) 实数集 **R**,对运算 $a \cdot b = 2(a+b)$。

(2) $G = \{1, -1\}$,对数的普通乘法。

(3) 非零实数集 R^*,对运算 $a \cdot b = 2ab$。

(4) 非零实数集 R^*,对运算 $a \cdot b = |ab|$。

(5) 所有实数对集合 $\{(a,b) \mid a,b \in \mathbf{R}\}$,对运算

$$(a,b) \cdot (c,d) = (a+c, b-d)$$

(6) 整数集 **Z**,对运算 $a \cdot b = a+b-1$。

(7) $G = \left\{ \begin{pmatrix} a & b \\ -b & a \end{pmatrix} \middle| a,b \text{ 为实数且 } a^2+b^2 \neq 0 \right\}$,对矩阵的普通乘法。

(8) 非空集合 M 的所有子集的集合 $P(M)$,对运算

$$A \cdot B = A \bigcap B \quad (A、B \subseteq M)$$

(9) 上述集合 $P(M)$,对运算

$$A \cdot B = A \bigcup B \quad (A、B \subseteq M)$$

(10) $G = \{p^m q^n \mid m、n \in \mathbf{Z}\}$,其中 p,q 是两个固定的不同素数,对数的普通乘法。

题 2-2 全体整数的集合 **Z** 对于普通减法是否是一个群?

题 2-3 完成 2.1 节例 2-8 的验证。

题 2-4　对于集合 $A=\{a_1,a_2,\cdots\}$ 可以建立如表 2-1 所示的乘法表。表中

$$a_{ij} = a_i a_j$$

乘法表可以方便地判断一个集合是否是群。

表 2-1　集合 A 的乘法表

	a_1	a_2	$\cdots$	a_j	$\cdots$
a_1	a_{11}	a_{12}	$\cdots$	a_{1j}	$\cdots$
a_2	a_{21}	a_{22}		a_{2j}	
$\cdots$					
a_i	a_{i1}	a_{i2}	$\cdots$	a_{ij}	$\cdots$
$\cdots$					

(1) 建立乘法表判断是否满足群或交换群的规则。(提示:如果表中 $a_{ij}=a_{ji}$,则交换律满足)

(2) 通过上面建立的规则判断 G 是否是群,如果是群,是否是交换群?

$$G = \{e,a,b\}$$

其乘法表如表 2-2 所示。

表 2-2　G 的乘法表

	e	a	b
e	e	a	b
a	a	b	e
b	b	e	a

题 2-5　证明:在群中只有单位元满足方程

$$x^2 = x$$

题 2-6　如果群 G 中的每一个元都满足方程

$$x^2 = e$$

那么 G 是交换群。

题 2-7　设 G 是一个群,证明 G 是交换群的充分必要条件是,对于 G 任意元素 a、b 都有

$$(ab)^2 = a^2 b^2$$

题 2-8　设 G 是一个群,a、b、c 是 G 中任意 3 个元素,证明:方程

$$xaxba = xbc$$

在 G 中有且仅有一解。

题 2-9　证明:如果 a、b 是群中的任意元素,则

$$(ab)^{-1} = b^{-1} a^{-1}$$

题 2-10　证明:在任意群中,下列各组中的元素有相同的阶。

(1) a 与 a^{-1}。

(2) a 与 cac^{-1}。

(3) ab 与 ba。

(4) abc,bca,cab。

题 2-11　设 G 是 n 阶有限群。证明对于任意元 $a \in G$,都有 $a^n = e$。

题 2-12　详细验证 2.2 节中的例 2-9。

题 2-13　证明：群 G 的两个子群的交集也是 G 的子群。

题 2-14　证明：$f(ab)=f(a)f(b)$ 将一个群映射成另一个群。

题 2-15　证明群的同构是等价关系。

题 2-16　证明：群 G 为一交换群当且仅当 $a \to a^{-1}$ 是一同构映射。

题 2-17　证明：一个变换群的单位元一定是恒等变换。

题 2-18　构造与整数加法群 Z 同构的变换群。

题 2-19　$M=R \backslash \{0,1\}$ 即 M 是除去 0、1 以外的全体实数的集合，G 是 M 的以下 6 个变换的集合。

$$\pi_1(x)=x, \quad \pi_2(x)=\frac{1}{x}, \quad \pi_3(x)=1-x,$$

$$\pi_4(x)=\frac{1}{x-1}, \quad \pi_5(x)=\frac{x-1}{x}, \quad \pi_6(x)=\frac{x}{x-1}$$

证明 G 是一个变换群。

题 2-20　$\mathbf{R}$ 是实数集合。证明：$\mathbf{R}$ 上的所有如下变换

$$x \to ax+b, \quad a、b \text{ 是有理数}, a \neq 0$$

是一个变换群。这个群是不是交换群？

题 2-21　参考题 2-4，建立三次对称群 S_3 的乘法表。从乘法表观察 S_3 是否阿贝尔群。

题 2-22　求出三次对称群 S_3 的所有子群。

题 2-23　把三次对称群 S_3 的所有元素写成不相交的循环乘积。

题 2-24　证明 2.4 节中的定理 2-13。

题 2-25　设 $G=\{1,\varepsilon,\varepsilon^2\}$，其中 $\varepsilon=e^{\frac{2\pi}{3}i}$。证明 G 与三次对称群 S_3 的一个子群同构。

题 2-26　设计 26 个英文字母的一个置换，用这个置换对一段文字进行加密，并观察加密后的密文。（置换是应用了上千年的基本密码技术。这里置换表称为密钥）

题 2-27　把置换 $(456)(567)(671)(123)(234)(345)$ 写为不相交循环乘积。

题 2-28　设

$$\tau=(327)(26)(14), \quad \sigma=(134)(57)$$

求 $\sigma\tau\sigma^{-1}$ 和 $\sigma^{-1}\tau\sigma$。

题 2-29　将题 2-26 的置换用不相交的循环乘积表示。

题 2-30　将题 2-28 的每个循环用对换的乘积表示。

题 2-31　证明：对于 k-循环 δ，有 $\delta^k=I$（I-恒等变换）。

题 2-32　证明 k 循环满足：

$$(i_1 i_2 \cdots i_k)^{-1}=(i_k i_{k-1} \cdots i_1)$$

题 2-33　求交错群 A_4。

题 2-34　证明 n 次对称群 S_n 有阶 $1!、2!、3!、\cdots、n!$ 的子群。

第 3 章　　循环群与群的结构

在这一章里,讨论在理论和应用方面都具有重要地位的循环群及它的重要特例剩余类群,并在循环群的基础上进一步深入讨论群的结构。

3.1　循环群

在群里面,希望群的结构尽量简单,然后复杂的群可以分解成简单的群来研究。设 g 是群 G 中的某个元素,则它与自身的反复二元运算和逆元都在群 G 中,由此可以得到最简单的一种群。

定义 3-1　如果一个群 G 里的元素都是某一个元素 g 的幂,则 G 称为循环群,g 称为 G 的一个生成元。由 g 生成的循环群记为(g)。

无限循环群可表示为:

$$\{\cdots,g^{-2},g^{-1},g^{0},g^{1},g^{2},\cdots\} \tag{3-1}$$

其中 $g^0=e$。

有限 n 阶循环群可表示为:

$$\{g^{0},g^{1},g^{2},\cdots,g^{n-1}\} \tag{3-2}$$

其中 $g^0=e$。

例 3-1　整数加法群 Z 是一个循环群。1 是生成元,每一个元素都是 1 的"幂"。这里再次说明讨论的群里"乘法"是抽象的,只代表一种代数运算。在整数加群中,"乘法"就是普通加法,那么"幂"就是一个元素的连加,例如

$$1^m = m = \overbrace{1+1+\cdots1}^{m}$$

$$1^{-m} = -m = \overbrace{(-1)+(-1)+\cdots(-1)}^{m}$$

而且规定

$$0 = 1^0$$

即 0 为 0 个 1 相加。

由上面的例子看到生成元不是唯一的,因为 -1 也可以是生成元。

例 3-2 复数域上的 n 次方程

$$z^n - 1 = 0$$

的根集合

$$\{e^{\frac{2k\pi}{n}i}, \quad k = 0, 1, 2, \cdots, n-1\}$$

对复数乘法是一个有限循环群。这个群的生成元是 $e^{\frac{2\pi}{n}i}$。

对于循环群有如下几个性质。

(1) 循环群是交换群。

对于循环群 G 中两个任意元 g^i、g^j，有

$$g^i g^j = g^{i+j} = g^{j+i} = g^j g^i$$

所以循环群一定满足交换律，是交换群（Abel 群）。

(2) 在 n 阶循环群中，有 $g^n = e$。

因为如果 $g^n \neq e$，假设 $g^n = g^i (0 < i \leqslant n-1)$，则由消去律得

$$g^{n-i} = e \quad (0 < n-i \leqslant n-1)$$

这与 n 阶循环群的定义矛盾。

(3) 由于 n 阶循环群中 $g^n = e$，则可以得到：设 i、j 是任意整数，如果 $i \equiv j (\bmod n)$，则

$$g^i = g^j$$

g^i 的逆元

$$g^{-i} = g^{n-i}$$

下面利用循环群的概念讨论一般群的**元素的阶**。

设 G 是一个一般群，a 是 G 中的一个元素。可能有下列两种情况。

(1) a 的所有幂两两不相等，于是以 a 为生成元的循环群

$$\{\cdots, a^{-2}, a^{-1}, a^0 = e, a^1, a^2, \cdots\}$$

是无限循环群。如整数加法群。

(2) 存在整数 $i > j$，使

$$a^i = a^j$$

则

$$a^{i-j} = e$$

这表明存在正整数 $k = i - j$，使

$$a^k = e$$

称使上式成立的最小正整数 n 为**元素 a 的阶**。在第(1)种情况下，这样的正整数不存在，称 a 是**无限阶元素**。

设 a 是 n 阶元素，则序列

$$a^0 = e, a^1, a^2, \cdots, a^{n-1}$$

两两不等，而且 a 的一切幂都包含在这个序列中。

用反证法证明第一点。如果

$$a^i = a^j, \quad 0 \leqslant j < i \leqslant n-1$$

则 $a^{i-j} = e$，而 $0 < i-j \leqslant n-1$，这与 a 是 n 阶元素矛盾。

现在证明第二点，即证明对于任意整数 m，a^m 都包含在上面的序列中。m 可表示为：

$$m = qn + r, \quad 0 \leqslant r < n$$

于是

$$a^m = a^{qn+r} = (a^q)^n a^r = a^r$$

因为 a^r 在上面的序列中,则 a^m 也在上面的序列中。

定理 3-1 一个群 G 的任意元素 a 都能生成一个循环群,它是 G 的子群。如果 a 是无限阶元素,则 a 生成无限循环群;如果 a 是 n 阶元素,则 a 生成 n 阶循环群。

证明:设 a 的幂集合为 S。

(1) a 是无限阶元素情形。

对于任意 a^i、$a^j \in S(i,j=0,\pm 1,\pm 2,\cdots)$,有

$$a^i (a^j)^{-1} = a^{i-j} \in S$$

由 2.2 节中的定理 2-5,S 是 G 的子群。

(2) a 是 n 阶元素情形。

对于任意 a^i、$a^j \in S(i,j=0,\pm 1,\pm 2,\cdots)$,有

$$a^i a^j = a^{i+j} \in S$$

由 2.2 节中的定理 2-6,S 是 G 的子群。

显然 S 是 a 生成的循环群。定理证毕。

定理 3-2 对于 n 阶元素 a 有:

(1) $a^i = e$,当且仅当 $n|i$。

(2) a^k 的阶为 $\dfrac{n}{(k,n)}$。

证明:n 阶元素 a 生成 n 阶循环群

$$\{a^0 = e, a^1, a^2, \cdots, a^{n-1}\}$$

(1) 由于 $n|i$,则

$$i \equiv 0 (\bmod n)$$

于是

$$a^i = a^0 = e$$

反之,由

$$i = qn + r, \quad 0 \leqslant r < n$$

得

$$a^i = a^{qn+r} = (a^n)^q a^r = e a^r = a^r = e$$

而 n 是使 $a^k = e$ 的最小正整数,所以 $r=0$,故 $n|i$。

(2) 设 $l = \dfrac{n}{(k,n)}$。由于 $(k,n)|k$,则

$$n \left| \left(k \frac{n}{(k,n)}\right) = kl \right.$$

于是由(1)有

$$(a^k)^l = a^{kl} = e$$

而如果

$$(a^k)^i = a^{ki} = e$$

则

$$n \mid ki$$

$$\frac{n}{(k,n)} \left| \frac{k}{(k,n)}i \right.$$

因为

$$\left(\frac{n}{(k,n)}, \frac{k}{(k,n)} \right) = 1$$

所以

$$\frac{n}{(k,n)} \left| i \right.$$

故 $\dfrac{n}{(k,n)}$ 是使

$$(a^k)^i = e$$

成立的最小正整数。证毕。

上面讨论了一般群中元素的阶及其性质,现在再回到循环群上来。

显然无限循环群的元素都是无限阶元素。有限循环群生成元的阶就是群的阶。

推论 3-1　由元素 g 生成的 n 阶循环群 G 中任意元素 $g^k (0 < k \leqslant n-1)$ 的阶为 $\dfrac{n}{(k,n)}$,当 k、n 互素时,g^k 的阶为 n,也是 G 的生成元。

例 3-3　8 阶循环群各个元素的阶分别为:

$$g^0 : 1; \ g : 8; \ g^2 : 4; \ g^3 : 8;$$
$$g^4 : 2; \ g^5 : 8; \ g^6 : 4; \ g^7 : 8$$

其中共有 4 个生成元 g、g^3、g^5、g^7。

整数集合

$$\{0, 1, 2, \cdots, n-1\}$$

中与 n 互素的数有 $\varphi(n)$ 个($\varphi(n)$ 是欧拉函数,以后还要深入讨论),因此 n 阶循环群共有 $\varphi(n)$ 个 n 阶元素或 $\varphi(n)$ 个生成元。

定理 3-3

(1) 循环群的子群是循环群,它或者仅由单位元构成,或者由子群中具有最小正指数的元素生成,即生成元为具有最小正指数的元素。

(2) 无限循环群的子群除 $\{e\}$ 外都是无限循环群。

(3) 有限 n 阶循环群的子群的阶是 n 的正因子,且对 n 的每一个正因子 q,有且仅有一个 q 阶子群。

证明:　设 H 是循环群 (g) 的一个子群。

(1) 假设 $H = \{e\}$,H 自然是循环群。假设 $H \neq \{e\}$,则有 $i \neq 0$ 使 $g^i \in H$,又因为 $g^{-i} = (g^i)^{-1} \in H$,所以可以假定 $i > 0$,说明有正指数存在。

设 s 是 H 中的最小正指数,即 s 是使 $g^s \in H$ 的最小正整数,现在证明

$$H = (g^s)$$

对于任意 $g^m \in H$,有

$$m = qs + t, \quad 0 \leqslant t < s$$

由于 $g^{qs} = (g^s)^q \in H$(子群 H 的封闭性,q 个 g^s 连乘也属于 H),所以

$$g^t = g^m (g^{qs})^{-1} \in H$$

(g^{qs}存在逆元,且由于封闭性,g^m、$(g^{qs})^{-1}$乘积属于 H)由于 s 是使 $g^s \in H$ 的最小正整数,因此得

$$t = 0$$
$$g^m = (g^s)^q$$

H 的任意元素都是 g^s 的幂,则 $H=(g^s)$。

(2) 当(g)是无限循环群时,如果 $n \neq m$,则 $g^n \neq g^m$,于是

$$g^{ms} \quad (m = 0, \pm 1, \pm 2, \cdots)$$

两两不同,H 是无限循环群。

(3) 假设(g)是 n 阶循环群,由于

$$n = qs + t, \quad 0 \leqslant t < s$$

则

$$e = g^n = g^{qs+t}$$

于是

$$g^t = (g^{qs})^{-1} \in H$$

s 的最小性使得 $t=0$,所以

$$n = qs$$

H 可表示为

$$H = \{e, g^s, \cdots, g^{(q-1)s}\}$$

当 $s=n$ 时

$$H = \{e\}$$

上面不仅证明了 H 的阶 q 是 n 的正因子,而且给出 n 的正因子 q 阶子群。当 q 跑遍 n 的所有正因子时,s 也跑遍 n 的正因子,所以对于 n 的每一个正因子 q,都有而且仅有一个 q 阶循环子群。

例 3-4 8 阶循环群 G 的真子群。

8 的所有正因子为 2、4,相应的子群分别为

$$\{e, g^2, g^4, g^6\}$$
$$\{e, g^4\}$$

3.2 剩余类群

现在讨论一类特别重要的循环群——**剩余类群**。

根据同余的概念,可以将全体整数 Z 进行分类。设 m 是正整数,把模 m 同余的整数归为一类,即可表示为

$$a = qm + r, \quad 0 \leqslant r < m, \quad q = 0, \pm 1, \pm 2, \cdots$$

的整数为一类,称为**剩余类**,剩余类中的每个数都称为该类的**剩余**或**代表**,r 称为该类的**最小非负剩余**。

例 3-5 $m=8$,$r=5$ 的剩余类为

$$5, \quad \pm 1 \times 8 + 5, \quad \pm 2 \times 8 + 5, \quad \pm 3 \times 8 + 5, \quad \cdots$$

这样可以将全体整数按模 m 分成 m 个剩余类:

$$\bar{0}, \quad \bar{1}, \quad \bar{2}, \quad \cdots, \quad \overline{m-1}$$

这 m 个剩余类可分别表示为：

$$\bar{0} = \{0, \pm m, \pm 2m, \pm 3m, \cdots\}$$
$$\bar{1} = \{1, 1 \pm m, 1 \pm 2m, 1 \pm 3m, \cdots\}$$
$$\bar{2} = \{2, 2 \pm m, 2 \pm 2m, 2 \pm 3m, \cdots\}$$
$$\cdots$$
$$\overline{m-1} = \{(m-1), (m-1) \pm m, (m-1) \pm 2m, (m-1) \pm 3m, \cdots\}$$

这 m 个剩余类称为**模 m 剩余类**。

例 3-6　模 8 的剩余类为

$$\bar{0} = \{0, \pm 8, \pm 2 \times 8, \pm 3 \times 8, \cdots\}$$
$$\bar{1} = \{1, 1 \pm 8, 1 \pm 2 \times 8, 1 \pm 3 \times 8, \cdots\}$$
$$\bar{2} = \{2, 2 \pm 8, 2 \pm 2 \times 8, 2 \pm 3 \times 8, \cdots\}$$
$$\cdots$$
$$\bar{7} = \{7, 7 \pm 8, 7 \pm 2 \times 8, 7 \pm 3 \times 8, \cdots\}$$

设 $\bar{i}$ 和 $\bar{j}$ 是两个模 m 的剩余类，定义剩余类的加法如下：

$$\bar{i} + \bar{j} = \overline{(i+j)(\bmod m)}$$

例 3-7　对于模 8 的剩余类，$\bar{1} + \bar{2} = \bar{3}, \bar{7} + \bar{2} = \bar{1}$。

定理 3-4　模 m 的全体剩余类集合对于剩余类加法构成 m 阶循环群。

证明：封闭性和结合律显然满足。$\bar{0}$ 是单位元，$\bar{i}$ 的逆元是

$$-\bar{i} = \overline{m-i}$$

故剩余类集合是一个群。该群是一个循环群，生成元是 $\bar{1}$。注意对于加法，元素的"幂"就是元素的连加。

介绍了剩余类群后，有下面的重要定理。

定理 3-5　任意无限循环群与整数加群 Z 同构，任意有限 n 阶循环群与 n 阶剩余类加群同构。

证明：设 (g) 为任意循环群。

如果 (g) 是无限循环群，做整数加群 Z 到 (g) 的映射如下：对于任意 $k \in Z$，有

$$f(k) = g^k$$

这是一个一一映射，而且对于 $k, h \in Z$，有

$$f(k)f(h) = g^k g^h = g^{k+h} = f(k+h)$$

故 f 是 Z 到 (g) 的同构映射，(g) 与 Z 同构。

如果 (g) 是 n 阶循环群，做模 n 剩余类加群 Z_n 到 (g) 的映射：对于任意 $\bar{k} \in Z_n$，有

$$f(\bar{k}) = g^k$$

这显然是一一映射，而且对于 $\bar{k}, \bar{h} \in Z_n$，有

$$f(\bar{k})f(\bar{h}) = g^k g^h = g^{k+h} = f(\overline{k+h})$$

故 f 是 Z_n 到 (g) 的同构映射，(g) 与 Z_n 同构。

定理 3-5 隐含表明了任意无限循环群互相同构，任意同阶有限循环群互相同构。

定理 3-5 的意义在于通过了解整数加群和剩余类加群，就了解了一切无限循环群和有

限循环群的构造。

3.3　子群的陪集

讨论子群陪集的目的是利用子群对群进行划分,并且进一步认识子群的特性。

在给出陪集的定义之前,先证明一个引理。

引理 3-1　设 G 是一个群。

(1) 对于任意 $a \in G$,集合

$$aG = \{ah \mid h \in G\} = G$$

(2) $GG = \{ah \mid h \in G, a \in G\} = G$。

证明:

(1) a、h 都是 G 的元素,由 G 的封闭性,有

$$ah \in G$$

则对于任意 $b \in aG$,总有 $b \in G$,于是

$$aG \subseteq G$$

对于任意 $b \in G$,有

$$b = eb = (aa^{-1})b = a(a^{-1}b)$$

由于

$$a^{-1}b \in G$$

所以

$$b = a(a^{-1}b) \in aG$$

于是

$$G \subseteq aG$$

故

$$G = aG$$

(2) $GG = \bigcup_{a \in G} aG = \bigcup G = G$。

例 3-8　对于整数加群 Z 有

$$a + Z = Z, \quad (a \in Z)$$

实际上,$a+Z$ 只是 Z 在数轴上做平移,如图 3-1 所示。

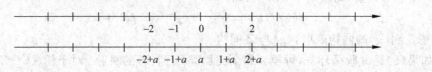

图 3-1　整数加群示意图

由于 Z 对乘法不是群,所以不能保证

$$aZ = Z, \quad (a \in Z)$$

例如 $2Z = \{0, \pm 2, \pm 4, \cdots\} \neq Z$。

定义 3-2　设 H 是群 G 的一个子群。对于任意 $a \in G$,集合

$$aH = \{ah \mid h \in H\}$$

称为 H 的一个**左陪集**，记为 aH。

同样定义右陪集

$$Ha = \{ ha \mid h \in H \}$$

对于交换群（Abel 群），左陪集和右陪集是一致的，可以称为**陪集**。

由于当 $a \in H$ 时有

$$aH = H$$

则 H 也是自己的一个左陪集。同理 H 也是自己的右陪集。

左陪集可由 aH 中的任意一个元素唯一确定。假设 $b \in aH$，即

$$b = ah(h \in H)$$

则

$$bH = ahH = a(hH) = aH$$

同理右陪集可由 Ha 中的任意一个元素唯一确定。

例 3-9　设 m 是一个正整数，M 表示所有 m 的倍数组成的集合，即

$$M = \{ mt \mid t = 0, \pm 1, \pm 2, \pm 3, \cdots \}$$
$$= \{ 0, \pm m, \pm 2m, \pm 3m, \cdots \}$$

M 的另一种表示为

$$M = \{ mt \mid t \in Z \}$$

显然 M 是整数加群 Z 的子群。

设 $\bar{i}$ 为模 m 的一个剩余类，即

$$\bar{i} = \{ i + mt \mid t \in Z \}$$

于是有

$$\bar{i} = i + M$$

可见 $\bar{i}$ 是 M 的一个陪集。由 Z 可以按模 m 分成 m 个剩余类，则 Z 可以按 M 分成 m 个陪集：

$$M, 1+M, 2+M, \cdots, (m-1)+M$$

定理 3-6　设 H 是群 G 的一个子群。H 的任意两个左（右）陪集或者相等或者无公共元素。群 G 可以表示成若干互不相交的左（右）陪集的并集。

证明：设 aH、bH 是两个左陪集。如果它们有公共元素，即存在 h_1、$h_2 \in H$ 使

$$ah_1 = bh_2$$

于是 $a = bh_2h_1^{-1} = bh_3$，其中 $h_3 = h_2h_1^{-1} \in H$。由

$$ah = bh_3h \in bH$$

可知

$$aH \subset bH$$

同样可证 $bH \subset aH$。于是有

$$aH = bH$$

这就证明两个左陪集或者相等或者无公共元素。

G 中的任何元素都在 H 的一个左陪集中。否则假设 c 不在 H 的任何左陪集中，可以做左陪集 cH，由于单位元 $e \in H$，所以

$$ce = c \in cH$$

c 在一个左陪集中。

于是得到,G 为 H 的所有左陪集的并集,即

$$G = \bigcup_{a \in G} aH$$

去掉那些相等的左陪集,则 G 为 H 的互相不相交的左陪集的并集。

对于右陪集可以做同样的证明。定理证毕。

定理 3-6 表明群 G 的一个子群 H 的左(右)陪集是对 G 的一个划分。

下面讨论两个问题:

(1) 陪集元素数目是多少?

(2) 陪集也可以成为子群吗?

这里只对左陪集讨论这些问题,对右陪集结论是一样的。

做一个 H 到它的一个左陪集 aH 的一个映射 f:对于任意 $h \in H$,

$$f(h) = ah$$

f 是一一映射。首先它是单射,否则如果对于不同的 h 和 h' 有

$$ah = ah'$$

在 G 中应用消去律得 $h = h'$,与 $h \neq h'$ 矛盾。

由于 f 是单射,所以 h 遍历 H 时,ah 遍历 aH,则 f 又是满射,所以 f 是一一映射。这表明对于有限子群 H,每个左(右)陪集内元素数目都等于 H 的阶;而对于无限子群 H,H 中的元素与陪集中的元素一一对应。

由于子群 H 的陪集互不相交,由于 $e \in H$,则 H 的其他陪集中不含单位元 e,所以它们不可能是群。故 H 的陪集除 H 外对于 G 的运算都不是群。

下面利用上述结论考察有限群。

假设群 G 的阶是 n,H 是 G 的 m 阶子群:

$$H = \{g_1, g_2, \cdots, g_m\}$$

做 H 的左陪集,设互不相交的左陪集共有 j 个,j 称为**子群 H 在群 G 中的指数**。把这 j 个陪集排列如下:

$$
\begin{array}{lllll}
a_1 H (a_1 = e): & g_1 & g_2 & \cdots & g_m \\
a_2 H: & a_2 g_1 & a_2 g_2 & \cdots & a_2 g_m \\
\cdots & & & & \\
a_j H: & a_j g_1 & a_j g_2 & \cdots & a_j g_m
\end{array}
$$

这称为**左陪集阵列**。

显然有

$$n = jm$$

也就是

$$|G| = j|H|$$

由此得到著名的拉格朗日(Lagrange)定理。

推论 3-2(拉格朗日定理) 设 G 是一个有限群,H 是一个子群,则 H 的阶是 G 的阶的因子。

推论 3-2 是显然的,它是一个非常重要的结果,是子群的一个重要特性。

在 3.1 节中曾指出,在群 G 中,任意一个元素 a 的全体幂的集合

$$\{a^m \mid m \in Z\}$$

构成 G 的一个子群,而且是循环群。这个子群的阶就是 a 的阶。于是有下面的结论。

推论 3-3 设 G 是一个有限群,G 中的每一个元素的阶一定是 G 的阶的因子。设 G 的阶为 n,则对任意 $a \in G$,有

$$a^n = e$$

证明:只需证第二点。对于任意 $a \in G$,设 a 的阶为 m。由于 m 是 n 的因子,则存在整数 q 有

$$n = mq$$

于是

$$a^n = a^{mq} = (a^m)^q = e$$

推论 3-4 阶为素数的群一定为循环群。

证明: 设群 G 的阶为素数,即 $|G|$ 是素数。

当 $|G| > 1$ 时,取 $a \in G$ 且 $a \neq e$,则 a 生成一个循环子群 H,且 $|H| \neq 1$。由于 $|H|$ 是 $|G|$ 的因子,而当 $|G|$ 是素数时,它只有 1 和 $|G|$ 两个因子,故

$$|H| = |G|$$

这表明 $H = G$,G 是一个循环群。

结合陪集的知识,再介绍一个重要的定理——同构基本定理。

定理 3-7 f 是群 G 到群 G' 的满同态映射,则

$$G/\ker(f) \cong G' \tag{3-3}$$

证明:由 2.3 节的定理 2-8 知道 $\ker(f)$ 是 G 的子群,因此可以得到 G 关于 $\ker(f)$ 的陪集构成的集合 $G/\ker(f) = \{g\ker(f): g \in G\}$。构造从 $G/\ker(f)$ 到 G' 的映射 φ:

$$\varphi(g\ker(f)) = f(g)$$

需要证明映射 φ 是一一映射且保持运算。

(1) 映射 φ 是满射。

这是因为 f 是群 G 到群 G' 的满同态映射,所以在 G' 任意元素 g' 都存在 $g \in G$ 满足 $f(g) = g'$。

同样地,映射 φ 是单射。

这是因为如果存在 $g\ker(f) \neq h\ker(f)$,但是 $\varphi(g\ker(f)) = \varphi(h\ker(f))$,那么有 $f(g) = f(h)$,$gh^{-1} \in \ker(f)$。

所以有 $gh^{-1} \in \ker(f)$,则 $g\ker(f) = h\ker(f)$。

这与 $g\ker(f) \neq h\ker(f)$ 矛盾。

所以映射 φ 是一一映射。

(2) 下面证明映射 φ 是保持运算的。

设 $g\ker(f)$、$h\ker(f) \in G/\ker(f)$,则 $\varphi(g\ker(f)) = f(g)$,$\varphi(h\ker(f)) = f(h)$。

那么由于 f 是群 G 到群 G' 的同态映射,得

$$\varphi(g\ker(f))\varphi(h\ker(f)) = f(g)f(h) = f(gh) = \varphi((g\ker(f))(h\ker(f)))$$

由(1)、(2)得到 $G/\ker(f) \cong G'$。

3.4　正规子群与商群

前面介绍了陪集的概念,希望在陪集组成的集合上定义二元运算,使之构成群,但并不是任何子群都能达到此目的。

定义 3-3　设 H 是群 G 的子群。如果 H 的每一个左陪集也是右陪集,即对于任意 $a \in G$,总有

$$aH = Ha \tag{3-4}$$

则称 H 为 G 的**正规子群**,或**不变子群**。

显然阿贝尔(Abel)群的所有子群是正规子群,但是反之不一定成立。

对于一般群和其子群,有下述定理。

定理 3-8　设 H 是群 G 的子群。则下面 4 个命题是等价的。

(1) H 是群的正规子群。

(2) 对于任意 $a \in G$,总有

$$aHa^{-1} = H$$

(3) 对于任意 $a \in G$ 及任意 $h \in H$,总有

$$aha^{-1} \in H$$

(4) 对于任意 $a \in G$,总有

$$aHa^{-1} \subseteq H$$

证明：通过证明(1)⇒(2)⇒(3)⇒(4)⇒(1),从而证明 4 个命题等价。

(1)⇒(2)：如果 H 是正规子群,则

$$aHa^{-1} = (aH)a^{-1} = (Ha)a^{-1} = H(aa^{-1}) = He = H$$

(2)⇒(3)：显然。

(3)⇒(4)：也是显然。

(4)⇒(1)：由 $aHa^{-1} \subseteq H$,得 $aH \subseteq Ha$;又由 $a^{-1}Ha \subseteq H$(注意对于任意 $a \in G$,有 $aHa^{-1} \subseteq H$,而 $a^{-1} \in G$,所以 $a^{-1}Ha \subseteq H$),得 $Ha \subseteq aH$。故

$$Ha = aH$$

定理证毕。

定理 3-8 表明,子群是正规子群的充分必要条件是(2)或者(3)或者(4)。

由 3.2 节的例 3-5 知道,正整数 m 的所有倍数的集合 M 是整数加群 Z 的子群,由于 Z 是阿贝尔(Abel)群,所以 M 是正规子群。现在指出,M 的全部陪集即模 m 剩余类集合

$$\{\overline{0}, \overline{1}, \overline{2}, \cdots, \overline{m-1}\}$$

之所以构成一个群,正是因为 M 是 Z 的正规子群。下面探讨一般情形。

先在群中定义子集合的运算。

定义 3-4　设 A、B 是群 G 中的两个子集合,定义**子集合 A 和 B 的乘积**为

$$AB = \{ab \mid a \in A, b \in B\} \tag{3-5}$$

即为 A 中元素和 B 中元素相乘得到的集合。

显然子集乘积满足结合律：

$$(AB)C = A(BC)$$

如果 A 是一个子群,$b \in G$,令 $B = \{b\}$,则 A 的左陪集 bA 可表示为 BA。因此就定义了

陪集的乘法。

在这个定义基础上有下面的定理。

定理 3-9 设 H 是群 G 的一个子群，H 是正规子群的充分必要条件是任意两个左（右）陪集的乘积仍然是一个左（右）陪集。

证明：如果 H 是正规子群，aH 和 bH 是 H 的两个左陪集，则

$$(aH)(bH) = a(Hb)H = a(bH)H = abH$$

反之，如果 $(aH)(bH)$ 是一陪集，假设

$$(aH)(bH) = cH$$

因为 $e \in H \Rightarrow a \in aH$ 和 $b \in bH$，则

$$ab \in (aH)(bH) = cH$$

由于陪集可由其中任一元素确定，于是有

$$(aH)(bH) = cH = abH$$

两边同乘 a^{-1}，得

$$HbH = bH$$

由于 $e \in H$，则

$$Hb = Hb\{e\} \subseteq HbH$$

于是

$$Hb \subseteq bH$$

实际上对于任意 $b \in G$ 都有

$$HbH = bH$$

则有

$$Hb^{-1}H = b^{-1}H$$

由 $e \in H$，则

$$Hb^{-1} \subseteq Hb^{-1}H = b^{-1}H$$

两边分别左乘和右乘 b，得

$$bH \subseteq Hb$$

综合之，得

$$bH = Hb$$

H 是一个正规子群。定理证毕。

现在可以解决一个正规子群的陪集是否成为一个群的问题。

定理 3-10 如果 H 是群 G 的正规子群，则 H 的全体陪集

$$\{aH \mid a \in G\}$$

对于群子集的乘法构成群。这个群称为 **G 对正规子群 H 的商群**，记为 G/H。

证明：显然运算满足结合律。由于定理 3-9，封闭性满足。

$eH = H$ 是单位元，因为对于任意 $a \in G$，都有

$$H(aH) = H(Ha) = (HH)a = Ha = aH$$

每个 aH 都具有逆元 $a^{-1}H$，因为

$$(a^{-1}H)(aH) = a^{-1}(Ha)H = a^{-1}(aH)H = (a^{-1}a)HH = H$$

故全体陪集是一个群。

如果 G 是有限群,则 $|G/H|$ 是 H 在 G 中的指数,于是有

$$|G/H| = \frac{|G|}{|H|}$$

这就是为什么 $|G/H|$ 称为商群的原因。

做一个从 G 到 G/H 的映射:f:对于任意 $a \in G$,

$$f(a) = aH$$

f 是一个满射,而且保持运算,即对于任意 a、$b \in G$,总有

$$f(ab) = (ab)H = (aH)(bH) = f(a)f(b)$$

所以 f 是 G 到 G/H 的满同态,称为**自然同态**。于是发现,任何群都与它的商群同态。

习题 3

题 3-1　在 G 到 G' 的一个同态映射之下:$a \to a'$,a 和 a' 的阶是否一定相同?

题 3-2　证明:

(1) 在一个有限群里,阶大于 2 的元素的个数一定是偶数。

(2) 假设 G 是一个阶为偶数的有限群,则 G 中阶为 2 的元素个数一定为奇数。

题 3-3　求三次对称群 S_3 的所有元素的阶。

题 3-4　求出三次对称群 S_3 的所有元素生成的循环子群。

题 3-5　假设 a 生成一个阶为 n 的循环群 G。证明:如果 $(m,n)=1$,a^m 也生成 G。

题 3-6　假设 G 是循环群,并且 G 与 G' 满同态。证明 G' 也是循环群。

题 3-7　假设 G 是无限阶循环群,G' 是任意循环群。证明 G 与 G' 同态。(提示:将 G' 分为无限循环群和有限循环群分别证明)

题 3-8　分别求出 13、16 阶循环群各个元素的阶,指出其中的生成元。

题 3-9　分别求 15、20 阶循环群的真子群。

题 3-10　参考第 2 章题 2-4,建立模 8 剩余类群的运算表。

题 3-11　证明:设 p 是一个素数,任意两个 p 阶群都同构。

题 3-12　证明:设 p 是一个素数,则阶是 p^m 的群一定有一个阶为 p 的子群。

题 3-13　a、b 是一个群 G 的元素,并且 $ab=ba$;又假设 a 的阶为 m,b 的阶为 n,且 $(m,n)=1$。证明 ab 的阶是 mn。

题 3-14　四次对称群 S_4 的一个 4 阶子群如下:

$$H = \{(1),(12)(34),(13)(24),(14)(23)\}$$

求出 H 的全部左陪集。

题 3-15　证明:两个正规子群的交还是正规子群。

题 3-16　证明:指数是 2 的子群一定是正规子群。

题 3-17　假设 H 是 G 的子群,N 是 G 的正规子群,证明 HN 是 G 的子群。

题 3-18　基于加法和加法群对第 2 章和本章内容进行归纳总结。加法群中的单位元用 0 表示,元素 a 的逆元用 $-a$ 表示。(通过该练习可以加深巩固对群论的熟悉和理解,建议初学的读者完成好该练习)

环　第4章

在群里,只是在集合上定义了一种代数运算。但事实上,在整数、实数中既有加法又有乘法。因此本章讨论在一个集合上同时定义乘法和加法两种运算的代数系统——环与域。

4.1　环与子环

定义 4-1　设 R 是一非空集合,在 R 上定义了加法和乘法两种代数运算,分别记为"$+$"和"$\cdot$",如果 R 具有如下性质:

(1) R 对于加法是一个交换群;

(2) R 对于乘法是封闭的;

(3) 乘法满足结合律,即对于任意 a、b、$c \in R$,有
$$a \cdot (b \cdot c) = (a \cdot b) \cdot c$$

(4) 分配律成立,即对于任意 a、b、$c \in R$,有
$$a \cdot (b+c) = a \cdot b + a \cdot c, \quad (b+c) \cdot a = b \cdot a + c \cdot a$$

则称 $(R, +, \cdot)$ 为一个环。与群类似,在上下文很清楚的情况下,经常省略运算符,直接说 R 为一个环。

如果环 R 关于乘法还满足交换律,即对于任意 a、$b \in R$,总有
$$a \cdot b = b \cdot a$$

则称 R 为**交换环**。

注:在环的定义中,由于乘法关于加法的左分配律成立并不能保证右分配律成立,所以需要左右分配律成立。

例 4-1　全体有理数 **Q**、全体实数 **R**、全体复数 **C** 和全体整数集合 **Z** 对于普通的加法和乘法构成交换环,其中全体整数集合 **Z** 构成的环比较重要,称为**整数环**。

这里只验证一下整数集合 **Z** 是交换环,其他验证留给读者练习。

Z 对普通加法构成交换群;两个整数相乘结果是整数,所以乘法封闭;普通乘法显然满足结合律、分配律和交换律;故 **Z** 是交换环。

例 4-2 定义模 m 的剩余类集合

$$\{\overline{0}, \overline{1}, \overline{2}, \cdots, \overline{m-1}\}$$

上的乘法如下:

$$\overline{i}\,\overline{j} = \overline{ij} \pmod{m}$$

则剩余类集合对于剩余类加法和乘法构成一个交换环,称为**模 m 剩余类环**。

例 4-3 实数 n 阶方阵的全体对于矩阵的加法和乘法构成环。由于矩阵乘法不满足交换律,所以它不是交换环。

由于在环里存在两种运算,因此把加法群的单位元称为**零元**,记为 0,元素的加法逆元称为负元,记为 $-a$,这与通常的称谓相一致。而继续把乘法单位元和乘法逆元分别称为单位元和逆元,用 1 和 a^{-1} 表示。在不同的环里面,0 和 1 代表不同的元素,如在例 4-3 中,0 为零矩阵,1 代表单位矩阵。

环不一定存在单位元和逆元。如所有偶数组成的集合构成环,它没有单位元;例 4-3 中的元素,不是任何元素都有逆元,只有非奇异矩阵才有逆元。但如果环中存在单位元和逆元,则它们一定是唯一的,这一点与乘法群一样。

有理数、实数、复数和整数环都有单位元 1;有理数、实数和复数环的非零元都有逆元,但整数环 Z 除 ± 1 外,其他元素都没有逆元。

环对于加法构成交换群,对乘法满足封闭性和结合律,又对加法和乘法满足分配律,则可以归纳出下列**环的计算规则**。

假设 R 是一个环,a、b、$c \in R$。

(1) $0+a=a+0=a$,其中 0 为零元。

(2) $a+(-b)=a-b$。

这一条计算规则既可以认为是将 $a+(-b)$ 简记为 $a-b$,也可以认为是定义了减法 $a-b=a+(-b)$。

(3) $-a+a=a-a=0$。

(4) $-(-a)=a$。

(5) 如果 $a+b=c$,则 $b=c-a$。

(6) $-(a+b)=-a-b$; $-(a-b)=-a+b$。

因为 $(-a-b)+(a+b)=-a+(-b)+a+b=0$,所以 $-(a+b)=-a-b$。后一个公式同样得到。

(7) 对于任意正整数 n,有

$$na = \overbrace{a+a+\cdots+a}^{n}$$
$$(-n)a = -(na)$$
$$0a = 0$$

第二个公式参照乘法群中 $a^{-n}=(a^n)^{-1}$ 规定。第三个公式中,左边的 0 是整数 0,右边的 0 是 R 的零元,参照乘法群 $a^0=e$ 规定。

(8) 对于任意整数 n、m,有

$$(n+m)a = na+ma$$
$$n(ma) = (nm)a$$

$$n(a+b) = na + nb$$

上述 8 个计算规则由 R 是加法交换群得到。

下面的规则(9)由 R 满足乘法结合律得到。

(9) 对于任意正整数 n、m,有

$$a^n = aa \cdots a$$

$$a^m a^n = a^{m+n}$$

$$(a^n)^m = a^{nm}$$

注意在 R 中一般不直接定义 a^0 和 a^{-n},因为前面指出过,环中不一定存在单位元和逆元。

下面的规则($10 \sim 14$)由分配律得到。

(10) $(a-b)c = ac - bc$;$c(a-b) = ca - cb$。

因为 $(a-b)c + bc = [(a-b)+b]c = ac$,所以 $(a-b)c = ac - bc$。后一个公式同样得到。

(11) $0a = a0 = 0$。(这里的 0 是 R 的零元)

因为 $0a = (a-a)a = aa - aa = 0$,又因为 $a0 = a(a-a) = aa - aa = 0$,所以 $0a = a0 = 0$。

(12) $(-a)b = a(-b) = -ab$;$(-a)(-b) = ab$。

因为 $ab + (-a)b = (a-a)b = 0$,又 $ab + a(-b) = a(b-b) = 0$,所以 $(-a)b = a(-b) = -ab$。

因为 $(-a)(-b) = -a(-b) = -(-ab) = ab$,所以 $(-a)(-b) = ab$。

(13) $a(b_1 + b_2 + \cdots + b_n) = ab_1 + ab_2 + \cdots + ab_n$;

$\quad (b_1 + b_2 + \cdots + b_n)a = b_1a + b_2a + \cdots + b_na$。

更一般地,

$\quad (a_1 + a_2 + \cdots + a_m)(b_1 + b_2 + \cdots + b_n) = (a_1b_1 + a_1b_2 + \cdots + a_1b_n + \cdots$

$\quad + a_mb_1 + a_mb_2 + \cdots + a_mb_n)$

或表示为

$$\left(\sum_{i=1}^{m} a_i \right) \left(\sum_{j=1}^{n} b_j \right) = \sum_{i=1}^{m} \sum_{j=1}^{n} a_ib_j$$

(14) 对于任意整数 n,有

$$(na)b = a(nb) = n(ab)$$

上述 14 条环中的计算规则涵盖了初等代数里的大部分计算规则,但并不是全部,因此不能简单地搬用初等代数里的计算规则。每一条计算规则都需要在环中严格证明后才能运用。

在初等代数里,如果 $ab = 0$,则必有 $a = 0$ 或 $b = 0$。这一条看似自然的规则并不普遍成立。例如在模 12 剩余类环中,$\bar{6}\,\bar{2} = \bar{0}$,但 $\bar{6} \neq \bar{0}$,$\bar{2} \neq \bar{0}$。

这又一次说明了初等代数讨论的对象只是这里所研究对象的一个特例,对它们进行比较有助于理解近世代数中的群、环和后面的域等概念。

定义 4-2　如果在一个环 R 里 $a \neq 0$,$b \neq 0$,但

$$ab = 0$$

则称 a 是这个环的一个**左零因子**,b 是这个环的一个**右零因子**。

显然交换环里每个左零因子同时又是右零因子。如果一个左零因子同时又是右零因

子,则称为**零因子**。非交换环里的左零因子或右零因子也可能成为零因子。如果一个环 R 没有零因子,则称 R 为**无零因子环**。

例 4-4 模 12 剩余类环中的全部零因子是:
$$\overline{2}, \overline{3}, \overline{4}, \overline{6}, \overline{8}, \overline{9}, \overline{10}$$

整数环 Z、有理数环 Q、全体实数环 R、全体复数环 C 就是无零因子环。

例 4-5 当 m 是素数时,模 m 剩余类环无零因子。

由于整数环和模 m 剩余类环在理论和应用中的特殊地位,所以总是以它们为例。

在没有任何零因子存在的环里,如果 $ab=0$,则必有 $a=0$ 或 $b=0$。

某些计算规则只能在不存在零因子的环里适用,例如消去律。

定理 4-1 在没有任何零因子的环里消去律成立,即如果 $a \neq 0$,则
$$ab = ac \Rightarrow b = c$$
$$ba = ca \Rightarrow b = c$$

反之,如果上面的消去律中的任一个成立,则环里没有零因子。

证明:由 $ab = ac$,得
$$a(b-c) = 0$$
因为 $a \neq 0$,而且环里没有零因子,则
$$b - c = 0$$
$$b = c$$

另一个消去律同样可证。

反之,假定第一个消去律成立。

如果
$$ab = 0 = a0$$
假设 $a \neq 0$,运用消去律得 $b=0$。这说明 a、b 不可能同时非零,则环里无零因子。

第二个消去律成立的情形同样可证。定理证毕。

定义 4-3 如果一个环 R 的子集 S 对于 R 中的运算也构成环,则称 S 为 R 的子环,R 为 S 的扩环。

例 4-6 一个环 R 是自身的子环。仅含零元的集合 $\{0\}$ 也构成 R 的子环。对任意一个环 R 至少有两个子环,即 R 自身和只包含单位元的子集 $\{0\}$,它们称为 R 的**平凡子环**。

例 4-7 全体偶数的集合构成一个环,是整数环 Z 的子环,而 Z 是它的扩环。

容易看出,子集 S 是子环的充分必要条件是:S 对于加法是一子群,对于乘法封闭。

证明环的一个子集 S 是子环可以逐条证明,但是这样比较烦琐。由群中的一个子集构成一个子群的条件可以得到如下结论。

一个环的一个子集 S 构成一个子环的条件:对于任意 a、$b \in S$,有
$$a - b \in S, ab \in S$$

事实上,由 $a-b \in S$ 能得到 S 关于加法是构成子群的,$ab \in S$ 能得到关于乘法封闭性成立,又因为在环中乘法结合律和分配律成立,所以上面两个条件能保证 S 构成子环。

例 4-8 整数环 Z 中所有整数的倍数
$$nZ = \{m \mid r \in Z\}$$
是 Z 的子环。

证明：对于任意 a、$b \in nZ$，假设

$$a = r_1 n, b = r_2 n, \text{其中 } r_1、r_2 \in Z$$

则

$$a - b = r_1 n - r_2 n = (r_1 - r_2)n \in nZ (因为 r_1 - r_2 \in Z)$$

$$ab = (r_1 n)(r_2 n) = (r_1 r_2 n)n \in nZ (因为 r_1 r_2 n \in Z)$$

所以 nZ 是 Z 的子环。

4.2 整环、除环与域

在本节中将讨论一些特殊的环，就是在环的基础上增加一些约束条件，如整环、除环和域。

定义 4-4 如果一个环 R 满足下列条件：

(1) R 是交换环；

(2) 存在单位元，且 $1 \neq 0$；

(3) 没有零因子。

则 R 称为**整环**。

条件(2)中 $1 \neq 0$ 意味着环中不只一个元素，或存在非零元。有兴趣的同学可以证明如果 $1 = 0$ 将出现什么情况。

例 4-9 整数环 Z、全体有理数、全体实数和全体复数都是整环。

下面讨论更为重要的除环和域的概念。

定义 4-5 如果一个环 R 存在非零元，而且全体非零元构成一个乘法群，则 R 称为**除环**。

可以认为除环是一个加法群和一个乘法群的集成，而分配律是这两个群之间的联系纽带。

显然除环里无零因子。因为非零元乘法构成群意味着消去律成立，所以没有零因子。

除环这个名词的来历是由于每个非零元都有逆元，可以做"除法"（a 的逆元与 b 相乘可以认为是 a 除 b）。

例 4-10 全体有理数 **Q**、全体实数 **R** 和全体复数 **C** 对于普通的加法和乘法都是除环。

例 4-11 （四元数除环）$R = \{$所有复数对$(\alpha, \beta)\}$。$(\alpha_1, \beta_1) = (\alpha_2, \beta_2)$，当且仅当 $\alpha_1 = \alpha_2$，$\beta_1 = \beta_2$。R 的加法和乘法定义如下：

$$(\alpha_1, \beta_1) + (\alpha_2, \beta_2) = (\alpha_1 + \alpha_2, \beta_1 + \beta_2)$$

$$(\alpha_1, \beta_1)(\alpha_2, \beta_2) = (\alpha_1 \alpha_2 - \beta_1 \overline{\beta_2}, \alpha_1 \beta_2 + \beta_1 \overline{\alpha_2})$$

其中 $\bar{\alpha}$ 表示 α 的共轭复数。可以验证（留给读者练习），R 对于加法是一个交换群，零元为 $(0,0)$，(α, β) 的负元为 $(-\alpha, -\beta)$。乘法也满足环的条件，所以 R 是一个环。R 存在单位元 $(1,0)$，每个非零元 (α, β) 都有逆元

$$\left(\frac{\bar{\alpha}}{\alpha\bar{\alpha} + \beta\bar{\beta}}, \frac{-\beta}{\alpha\bar{\alpha} + \beta\bar{\beta}} \right)$$

所以 R 是一个除环。

上面例 4-10 的除环都是交换除环。而例 4-11 的环 R 不是交换除环，因为例如

$$(i,0)(0,1) \neq (0,1)(i,0)$$

交换除环是这里要讨论的一种非常重要的代数系统。

定义 4-6 一个交换除环称为一个**域**。

定义 4-6 的等价定义如下。

定义 4-6* 如果一个环 F 存在非零元,而且全体非零元构成一个乘法交换群,则 F 称为一个**域**。

例 4-12 全体有理数 **Q**、全体实数 **R** 和全体复数 **C** 对于普通的加法和乘法都是域。

例 4-13 当 p 是素数时,模 p 剩余类集合对于剩余类加法和乘法构成一个域,记为 $\mathrm{GF}(p)$。

已经知道 $\mathrm{GF}(p)$ 是一个交换环,现在证明 $\mathrm{GF}(p)$ 非零元集合 $\mathrm{GF}^*(p)$ 构成一乘法交换群,从而 $\mathrm{GF}(p)$ 是一个域。$\mathrm{GF}(p)$ 非零元集合 $\mathrm{GF}^*(p)$:

$$\mathrm{GF}^*(p) = \{\overline{1}, \overline{2}, \cdots, \overline{p-1}\}$$

(1) 乘法结合律和交换律显然满足。

(2) 对于任意 $0 < i, j \leqslant p-1$,由于 $(p,i)=1,(p,j)=1$,则

$$(p, ij) = 1$$
$$ij \neq 0 \ (\mathrm{mod}\ p)$$

于是

$$\overline{i}\ \overline{j} = \overline{ij}(\mathrm{mod}\ p) \neq \overline{0}$$

$\overline{i}\ \overline{j} \in \mathrm{GF}^*(p)$,乘法封闭。

(3) $\overline{1}$ 是乘法单位元。

(4) 对于任意 $\overline{i} \in \mathrm{GF}^*(p)$,$\overline{i}$ 与 $\mathrm{GF}^*(p)$ 中的每个元素相乘得

$$\overline{1}\overline{i}, \overline{2}\overline{i}, \cdots, \overline{p-1}\overline{i}$$

这 $p-1$ 个结果两两不同。否则假设如果 $\overline{a} \neq \overline{b}$,但 $\overline{i}\overline{a} = \overline{i}\overline{b}$,于是 $\overline{ia} = \overline{ib}$,这意味着

$$p \mid (ia - ib) = i(a-b)$$

而 $(p,i)=1$,则只有 $p \mid (a-b)$,这与 $\overline{a} \neq \overline{b}$ 矛盾。

上述的 $p-1$ 个不同的结果跑遍 $\mathrm{GF}^*(p)$ 的全部元素,当然也包括单位元 $\overline{1}$,所以 $\overline{i}$ 存在逆元。

故 $\mathrm{GF}^*(p)$ 是一乘法交换群,$\mathrm{GF}(p)$ 是一个域。

注:当 p 不是素数时,它可以分解为两个或更多的小于它的数的乘积,故模 p 剩余类环有零因子,不可能成为域。

域 $\mathrm{GF}(p)$ 是一个接触到的第一个有限域(元素个数有限),在密码学、通信编码和数学的很多分支都有广泛的应用。

如果从群出发,则一个集合 F 是一个域应该满足以下 3 个条件:

(1) 构成加法交换群;

(2) 非零元构成乘法交换群;

(3) 满足分配律。

从域、除环、无零因子环和环的定义,可以知道域一定是除环,除环一定为无零因子环。所以域、除环、无零因子环和环的包含关系可以用图 4-1 来表示。

元素个数有限的除环称为**有限除环**,元素个数有限的域称为**有限域**。

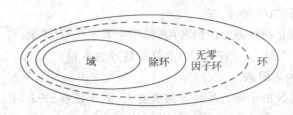

图 4-1 域、除环和环的关系

例 4-14 对任意的素数 p，GF(p)是有限域。

除环和域同样有**子除环**和**子域**的概念。

如果一个除环的子集也是除环，则称为子除环；如果一个域的子集也是域，则称为子域。

显然一个除环 D 的一个子集 S 构成一个子除环的条件是（证明留为习题）：

(1) S 包含非零元；

(2) 对于任意 a、$b \in S$，有 $a - b \in S$；

(3) 对于任意 a、$b \in S$，$b \neq 0$，有 $ab^{-1} \in S$。

4.3 环的同态与理想

从群的同态和同构很容易定义**环的同态和同构**。

定义 4-7 $(R, +, \cdot)$ 和 $(R', \oplus, \otimes)$ 是两个环，如果存在 R 到 R' 的一个映射 f，加法和乘法都在 f 下得到保持，即对于任意 a、$b \in R$，

$$f(ab) = f(a)f(b)$$
$$f(a + b) = f(a) + f(b)$$

则称 f 是 R 到 R' 的同态映射，或简称同态。如果 f 是单射，则称 f 是**单同态**。如果 f 是满射，则称 f 是**满同态**。如果 f 是一一映射，则称 f 是**同构**（映射），此时称 $(R, +, \cdot)$ 和 $(R', \oplus, \otimes)$ 同构，并用 $R \cong R'$ 表示。

在这里，将环 R 和 R' 中的加法和乘法用不同的运算符号表示，表明两个环里的加法和乘法的定义可以不同。有时候，在上下文很清楚的情况下，为了简洁也把运算符省略或等同了。

例 4-15 设 R 是一个环，R^n 是 R 上的 n 维向量，即

$$R^n = \{(a_1\ a_2\ \cdots\ a_n) \mid a_1, a_2, \cdots, a_n \in R\}$$

定义 R^n 上的加法和乘法如下：

$$(a_1\ a_2\ \cdots\ a_n) + (b_1\ b_2\ \cdots\ b_n) = (a_1 + b_1\ a_2 + b_2 \cdots\ a_n + b_n)$$
$$(a_1\ a_2\ \cdots\ a_n)(b_1\ b_2\ \cdots\ b_n) = (a_1 b_1\ a_2 b_2 \cdots\ a_n b_n)$$

则 R^n 构成一个环。定义 $R^n \rightarrow R$ 的映射

$$f((a_1\ a_2\ \cdots\ a_n)) = a_1$$

f 是 R^n 到 R 的满同态。

例 4-16 实数域上的全体连续函数对于函数的加法和乘法构成一个环，这个环记为 $C[-\infty, +\infty]$。设 a 是一个实数常数。定义 $C[-\infty, +\infty]$ 到实数环的映射：

$$f(g(x)) = g(a), g(x) \in C[-\infty, +\infty]$$

f 是 $C[-\infty,+\infty]$ 到实数环的同态。

例 4-17 设 R、S 是两个环。R 到 S 的映射 f：对于任意 $r \in R$，有

$$f(r) = 0 (此处 0 是 S 的零元)$$

则 f 是一个同态，称为**零同态**。

例 4-18 设 R 是 S 的子环。R 到 S 的映射 f：对于任意 $r \in R$，有

$$f(r) = r$$

则 f 是单同态。

定理 4-2 f 是环 R 到 R' 的同态，则有

(1) $f(0) = 0' (0'$ 是 R' 的零元)。

(2) 对于任意 $a \in R$，有

$$f(-a) = -f(a)$$

(3) 如果 R 有单位元，则 R' 也有单位元，且

$$f(1) = 1' (1' 是 R' 的单位元)$$

(4) 如果 R 有单位元，而且 $a \in R$ 可逆，则 $f(a)$ 在 R' 中可逆，且

$$f(a)^{-1} = f(a^{-1})$$

(5) 如果 R 是交换环，则 R' 也是交换环。

证明：

(1) 因为

$$f(0) = f(0+0) = f(0) + f(0)$$

应用消去律（在环的加群里应用消去律）得

$$f(0) = 0'$$

(2) 因为

$$0' = f(0) = f(a+(-a)) = f(a) + f(-a)$$

所以

$$f(-a) = -f(a)$$

(3) 对于任 $a' \in R'$，设其在 R 中的一个原像为 a，即

$$f(a) = a'$$

则

$$a' = f(a) = f(1\,a) = f(1)f(a) = f(1)a'$$

所以 $f(1)$ 是 R' 的单位元，令 $1' = f(1)$ 即可。

(4) 因为

$$1' = f(1) = f(aa^{-1}) = f(a)f(a^{-1})$$

故

$$f(a)^{-1} = f(a^{-1})$$

(5) 如果 R 是交换环，则对于任意 a、$b \in R$，有

$$ab = ba$$

对于任意 a'、$b' \in R'$，设其在 R 中的原像分别为 a、b，则

$$a'b' = f(a)f(b) = f(ab) = f(ba) = f(b)f(a) = b'a'$$

R' 也是交换环。

注意没有零因子这个性质在同态下不一定保持。

例 4-19　整数环 Z 到模 m 剩余类环存在下列同态

$$f: i \in Z, i \to \bar{i} (\mathrm{mod}\ m)$$

Z 没有零因子，但 m 不是素数时，模 m 剩余类环却有零因子。

定理 4-3　假设两个环 $R \cong R'$，则

（1）如果 R 是整环，则 R' 也是整环。

（2）如果 R 是除环，则 R' 也是除环。

（3）如果 R 是域，则 R' 也是域。

证明：设 R 到 R' 的同构映射为 f，其逆映射为 f^{-1}，f 和 f^{-1} 都是一一映射，f^{-1} 是 R' 到 R 的同构映射。

先证明由 R 存在非零元、无零因子得到 R' 存在非零元、无零因子。

如果 $a \in R, a \neq 0$，则

$$f(a) \neq 0'$$

否则因为还有 $f(0) = 0'$，f 就不是一一映射了。所以 R' 存在非零元。

用反证法证 R' 无零因子。假设 a'、$b' \in R'$，$a' \neq 0'$，$b' \neq 0'$，但

$$a'b' = 0'$$

则

$$f^{-1}(a'b') = 0$$
$$f^{-1}(a')f^{-1}(b') = 0$$

由于 f^{-1} 是一一映射，只有 $f^{-1}(0') = 0$，所以

$$f^{-1}(a') \neq 0, f^{-1}(b') \neq 0$$

这说明 R 有零因子，得到矛盾，故 R' 无零因子。

（1）由定理 4-2 的第（5）条得，R 是交换环时 R' 也是交换环。

所以由 R 存在非零元、无零因子、是交换环得到 R' 存在非零元、无零因子、是交换环，故如果 R 是整环，R' 也是整环。

（2）如果 R 的非零元是一个群，显然在 f 下，R' 的非零元也是一个群。

所以，由 R 存在非零元并且非零元关于乘法是一个群，得到 R' 存在非零元并且非零元关于乘法是一个群。故如果 R 是除环，R' 也是除环。

（3）显然在 f 下，如果 R 是交换除环，R' 也是交换除环，即如果 R 是域，R' 也是域。定理证毕。

环同态也有核的概念。f 是环 R 到 R' 的同态，设 $0'$ 是 R' 的零元，则 f 的核为

$$\ker(f) = \{a \in R \mid f(a) = 0'\}$$

显然这样定义的核是和环的加法群的同态核一致的。

定理 4-2 表明在同态 f 下，0 的像是 $0'$。除 0 外，还可能有其他元素的像是 $0'$。因此 $|\ker(f)| \geqslant 1$，如图 4-2 所示。但显然在单同态和同构下，$\ker(f) = \{0\}$。

根据环同态核的定义，得到下面两个有用的性质。

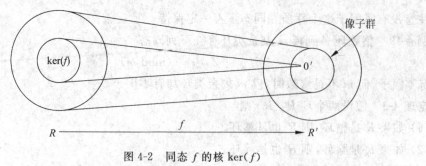

图 4-2   同态 f 的核 $\ker(f)$

定理 4-4 f 是环 R 到 R' 的同态,则有

(1) $\ker(f)$ 是环 R 的一个子环。

(2) f 是单同态当且仅当 $\ker(f)=\{0\}$。

证明:由群的性质,显然 $\ker(f)$ 是关于加法 R 的一个子群,只需要检查乘法在 $\ker(f)$ 中是否封闭。

设 a、$b\in\ker(f)$,那么

$$f(ab) = f(a)f(b) = 0'$$

则 $ab\in\ker(f)$。可见 $\ker(f)$ 是 R 的一个子环。

实际上对于任意 $r\in R$ 和 $a\in\ker(f)$,都有

$$f(ra) = f(r)f(a) = 0'$$
$$f(ar) = f(a)f(r) = 0'$$

即 ra、$ar\in\ker(f)$。这表明 $\ker(f)$ 是很特殊的一种子环。

定义 4-8   设 I 是环 R 的加法子群。如果对于任意 $r\in R$ 和 $a\in I$,都有

$$ra \in I$$

则称 I 是 R 的一个**左理想**。如果对于任意 $r\in R$ 和 $a\in I$,都有

$$ar \in I$$

则称 I 是 R 的一个**右理想**。当 I 同时是左理想和右理想时,称为**理想**,如图 4-3 所示。

所以环同态的核是理想。

显然对于交换环,左理想、右理想和理想是相同的,即任何左理想都是右理想和理想,反之也成立。

左理想是加法子群,而且对于任意 $r\in I\subseteq R, a\in I$,有

$$ra \in I$$

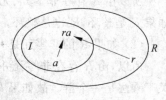

图 4-3 R 的一个理想 I

即左理想对乘法封闭,所以左理想是子环。同理右理想和理想都是子环。

理想是一种重要的子环,它在环论中的地位相当于正规子群在群论中的地位。

例 4-20   二阶矩阵集合 $\left\{\begin{bmatrix} a & b \\ c & d \end{bmatrix} \middle| a、b、c、d\in Z\right\}$ 对于矩阵的加法和乘法构成环。

$\left\{\begin{bmatrix} a & 0 \\ c & 0 \end{bmatrix} \middle| a、c\in Z\right\}$ 是这个环的左理想。$\left\{\begin{bmatrix} a & b \\ 0 & 0 \end{bmatrix} \middle| a、b\in Z\right\}$ 是这个环的右理想。

$\left\{\begin{bmatrix} a & b \\ c & d \end{bmatrix} \middle| a、b、c、d\in 2Z\right\}$ 是这个环的理想。

例 4-21　整数环 Z 中任意整数 m 的倍数
$$mZ = \{rm \mid r \in Z\}$$
是 Z 的理想。

以前知道 mZ 是 Z 的子环。由理想的定义,对于任意 $i \in Z$ 和 $j \in mZ$,设 $j = rm$ $(r \in Z)$,则
$$ij = ji = irm$$
由于 $ir \in Z$,所以
$$ij = ji \in mZ$$
故 mZ 是理想。

定理 4-5　环 R 的非空子集 I 是左理想的充分必要条件:对于任意 a、$b \in I$ 和 $r \in R$,有
$$a - b \in I, \quad ra \in I$$
由加法子群的充分必要条件,定理 4-5 是很容易证明的。

对于右理想和理想也可以有类似的定理。

显然 $\{0\}$ 是环 R 的理想,称为**零理想**; R 也是 R 的理想,称为**单位理想**。零理想和单位理想统称为**平凡理想**。除了平凡理想的其他理想称为**真理想**。

是不是有的环只有平凡理想? 回答是肯定的。除环仅有平凡理想。这一点可以证明如下。

假设 I 是除环 R 的理想,但不是零理想,则存在 $a(a \neq 0) \in I$。由于除环存在单位元,非零元存在逆元,则存在 $a^{-1} \in R$,有
$$1 = a^{-1}a \in I$$
那么对于任意 $b \in R$,都有
$$b = b1 \in I$$
这表明 $I = R$,即如果一个理想不是零理想就是单位理想,则 R 只有平凡理想。

因此理想这个概念对于除环和域没有什么意义。

定理 4-6　两个左理想的交是左理想,两个右理想的交是右理想,两个理想的交是理想。

证明:假设 I_1 和 I_2 是环 R 的两个左理想,I 是 I_1 和 I_2 的交,即 $I = I_1 \bigcap I_2$。

如果 a、$b \in I$,则同时有 a、$b \in I_1$ 和 a、$b \in I_2$,于是同时也有
$$a - b \in I_1 \text{ 和 } a - b \in I_2 \Rightarrow a - b \in I$$
又对于任意 $r \in R$,同时有
$$ra \in I_1 \text{ 和 } ra \in I_2 \Rightarrow ra \in I$$
所以 I 也是左理想。

同理可证两个右理想的交也是右理想。由此可得两个理想的交也是理想。

例 4-22　$6Z$ 和 $8Z$ 是 Z 的两个理想,求它们的交。

解:显然 $6Z \bigcap 8Z = 24Z$ 也是 Z 的理想。

推论 4-1　多个左理想的交是左理想,多个右理想的交是右理想,多个理想的交是理想。

定义 4-9　设集合 X 是环 R 的非空子集,$\{I_1, I_2, \cdots\}$ 是包含 X 的所有理想,则称它们的交是由 **X 生成的理想**,记为 (X)。X 中的元素称为 (X) 的**生成元素**。当 X 是有限集时,称 (X) 是**有限生成理想**。由一个元素生成的理想 (a) 称为**主理想**。

显然(X)是包含 X 的最小理想,(a)是包含元素 a 的最小理想。

下面根据环上定义的加法和乘法运算和理想的定义,构造由一个元素 a 生成的主理想。

下面来看(a)包含了什么样的元素。

(1) 显然由理想的定义,对于任意 $x,y \in R$,有

$$xa \, 、 ay \, 、 xay \in (a)$$

其中 $xay \in (a)$是因为 $xa \in (a)$,$y \in R$,所以 $xay \in (a)$。

(2) (a)是加法子群,所以对由(1)生成的元素求和也应该属于理想(a)。

对于任意有限个 $x_i 、 y_i \in R$,有

$$na \in (a),n \text{ 是整数}$$

$$\sum x_i a y_i \in (a)$$

其中由于分配率成立,形式为 $\sum x_i a$ 和 $\sum a y_i$ 的元素是 $xa 、 ay$。

(3) 由(1)和(2)生成的所有元素的和也属于(a),即

$$\sum x_i a y_i + xa + ay + na \in (a)$$

由于环上只定义了加法和乘法,而(1)、(2)、(3)生成了(a)中可能的元素。令

$$I = \{ \sum x_i a y_i + xa + ay + na \}$$

则 $I \subseteq (a)$。如果 I 是一个理想,由于(a)是包含 a 的最小理想,因此又有 $I \supseteq (a)$。故 $I = (a)$。现在只要证明 I 是一个理想。

显然,两个形如

$$\sum x_i a y_i + xa + ay + na$$

的元素相减依然是一个这种形式的元素。

对于任意 $r \in R$,有

$$r(\sum x_i a y_i + xa + ay + na) = \left[\sum x_i a y_i + ray \right] + (rx + nr)a$$

$$(\sum x_i a y_i + xa + ay + na)r = \left[\sum x_i a y_i + xar \right] + a(yr + nr)$$

也是这种形式的元素,所以 I 是理想。故

$$(a) = \{ \sum x_i a y_i + xa + ay + na \}$$

上面是当 R 是环时主理想(a)的构造。当 R 是特殊的环时,主理想有更简洁的形式。

(1) 当 R 是交换环时,

$$\sum x_i a y_i = \sum x_i y_i a = a \sum x_i y_i = sa,\text{其中 } s = \sum x_i y_i \in R$$

$$sa + xa + ay = sa + xa + ya = (s + x + y)a = ta, \quad \text{其中 } t = s + x + y \in R$$

主理想(a)可以写成如下形式:

$$xa + na \quad (x \in R,n \text{ 是整数})$$

(2) 当 R 有单位元时,因为 $xa = xae,ay = eay,na = (ne)ae$,所以$(a)$可以写成如下形式:

$$\sum x_i a y_i (x_i, y_i \in R)$$

(3) 而当 R 是交换环且有单位元时,(a)的形式最简单:

$$xa \quad (x \in R)$$

例 4-23 例 4 21 中的理想是 m 生成的理想 (m)，所以是主理想。

定义 4-10 如果一个整环上的理想都是主理想，则称为主理想整环。

例 4-24 整数环 Z 是主理想整环。

证明：Z 是有单位元的交换环，现在证明 Z 中的每一个理想都具有 xa $(x \in Z)$ 的形式，即都是主理想。

设 I 是 Z 中任意理想。如果 $I = \{0\}$，则 I 显然是主理想。否则 I 中一定有一个最小的正整数 a（如果 $x \neq 0 \in I$，则 $-x \in I$，x 和 $-x$ 中必有一个正整数，说明 I 中必有正整数存在）。对于任意 $b \in I$，有

$$b = qa + r, \quad 0 \leqslant r < a$$

由理想的定义，$qa \in I$，又因为 $b \in I$，所以 $r = b - qa \in I$。

由于 a 的最小性使 $r = 0$，则 $b = qa$。故 $I = (a)$。

下面的定理说明如何从满同态构造同构。

定理 4-7 f 是环 R 到 R' 的满同态 $I = \ker(f)$，则 $\dfrac{R}{I} \cong R'$。

定理的证明不难，主要是构造出一个从 $\dfrac{R}{I}$ 到 R' 的一一映射 ϕ，对任意的 $a \in R$，$a + I \mapsto f(a)$。具体的证明留作习题。

4.4 商环、素理想与最大理想

在群的内容中介绍了陪集的概念，本节将在环中继续讨论这个话题。在 3.3 节曾指出，模 m 剩余类集合之所以称为加法群，本质上是因为 mZ 是整数加群的正规子群，而 m 剩余类集合是 mZ 的全部陪集。现在来看"模 m 剩余类集合对于剩余类加法和乘法构成环"与"mZ 是整数环的理想"的本质联系。

设 I 是环 R 的一个理想。由于 I 是 R 的加法群的子群，R 按 I 分成陪集

$$r + I, \quad r \in R$$

R 对于加法可交换，可以定义陪集的加法如下：

$$(r_1 + I) + (r_2 + I) = (r_1 + r_2) + I, r_1 、 r_2 \in R$$

定义陪集的乘法如下：

$$(r_1 + I)(r_2 + I) = r_1 r_2 + I, r_1 、 r_2 \in R$$

下面证明乘法定义的合理性。对于任意 $a 、 b \in I$，有

$$(r_1 + a)(r_2 + b) = r_1 r_2 + (a r_2 + r_1 b + ab) \in r_1 r_2 + I$$

I 是理想，所以 $a r_2 + r_1 b + ab \in I$。而且显然两个陪集的乘积与陪集代表的选择无关。

并非 R 中有多少个元素就会有多少个陪集。

定理 4-8 设 I 是环 R 的一个理想。对于 $a 、 b \in R$，当且仅当

$$a - b \in I$$

时，a 的陪集与 b 的陪集相同，即 $a + I = b + I$。

证明：I 是环 R 的一个理想。设 $a 、 b \in R$。

如果

$$a - b = c \in I$$

则

$$a + I = c + b + I = b + (c + I) \subseteq b + I(因为 c \in I, 所以 c + I \subseteq I)$$

又

$$b + I = a - c + I = a + (-c + I) \subseteq a + I(因为 c \in I, 所以 -c \in I, -c + I \subseteq I)$$

所以

$$a + I = b + I$$

反之,如果

$$a + I = b + I$$

则存在 c、$d \in I$,有

$$a + c = b + d$$

于是

$$a - b = d - c \in I$$

因此从环的角度出发,定理 4-8 中的陪集实际上是环模理想的"剩余类"。为了不与整数模 m 剩余类相混淆,这里把"剩余类"加了引号。

定理 4-9　设 I 是环 R 的一个理想,I 的全体陪集构成一个环,称为 **R 关于 I 的商环**,记为 R/I。

证明：显然 I 的全体陪集是加法群 R 对 I 的商群。由于陪集加法可交换,因此 I 的全体陪集是一个加法交换群。

陪集的乘法是封闭的。由于陪集的运算实际上都归结为陪集代表的运算,即 R 中元素的运算,所以很容易验证陪集乘法的结合律和分配律。

故 I 的全体陪集构成环。

由上面的讨论可知,定理 4-8 表明理想 I 的"剩余类"集合构成了商环。商环是模 m 剩余类环的推广,而模 m 剩余类环是商环的一个特例。

这里是通过环同态的核引入理想概念的。同态的核是理想,反过来,理想是否都可以成为同态的核呢？设 I 是环 R 的一个理想,作如下映射：

$$f(a) = a + I, \quad a \in R$$

f 是 R 到商环 R/I 的一个满同态,而 I 正好是这个同态的核。这表明每个理想都是一个同态的核。R 到商环 R/I 的满同态 f 称为**自然同态**。这与一个群与其商群的同态称为自然同态是相似的。

定义 4-11　设 I 是具有单位元的交换环 R 的一个理想,$I \neq R$。如果 $ab \in I$,总有 $a \in I$ 或 $b \in I$,则称 I 是 R 的一个**素理想**。如果不存在另一个理想 $A(A \neq R)$,使 $I \subset A$,则称 I 是 R 的一个**极大理想**。

例 4-25　整数环 Z 中零理想 $\{0\}$ 是素理想。

例 4-26　整数环 Z 内由素数 p 生成的理想 (p) 是一个素理想,同时也是一个最大理想。

证明：Z 内由素数 p 生成的理想

$$(p) = \{mp \mid m \in Z\}$$

如果 $ab \in (p)$,则 $p \mid ab$,于是 $p \mid a$ 或 $p \mid b$,所以 $a \in (p)$ 或 $b \in (p)$,(p) 是一个素理想。

如果存在一个理想 (n) 使 $(p) \subset (n) \subseteq R$,则 $n \mid p$,由于 p 是素数,则有 $n = 1$ 或 $n = p$。

$n=1$ 时 $(n)=Z$, $n=p$ 时 $(n)=(p)$,故 (p) 是最大理想。

定理 4-10 设有单位元的交换环 R,则

(1) M 是 R 的极大理想当且仅当 R/M 是域。

(2) P 是 R 的素理想当且仅当 R/P 是整环。

证明：

(1) 设 M 是 R 的极大理想。

对于 $a \notin M$, $a \in R$,集合 $J=\{a+rm \mid m \in M, r \in R\}$ 是 R 的理想,而且 $J \supseteq M$、$J \neq M$。因此,$J=R$。

特别地,存在 $m \in M$、$r \in R$,使得 $ar+m=1$。如果 $a+M \neq 0+M$ 是 R/M 中的非零元,则 $a+M$ 在 R/M 中存在乘法逆元。这是因为

$$(a+M)(r+M) = ar+M = 1+M$$

因此 R/M 是域。

反之,设 R/M 是域。设 J 是 R 的理想,$M \subset J$。则存在 $a \in J$、$a \notin M$,剩余类 $a+M$ 在 R/M 中有逆元,所以存在 $r \in R$,满足 $(a+M)(r+M)=1+M$。

这意味着,存在 $m \in M$,使得 $ar+m=1$。又因为 J 是 R 的理想,所以 $1 \in J$。因此有 $J=R$。由此可得,M 是 R 的极大理想。

(2) 设 P 是 R 的素理想,则 R/P 是有单位元的交换环,其单位元为 $1+P \neq 0+P$。令 $(a+P)(b+P)=0+p$,有 $ab \in P$。又 P 是 R 的素理想,所以有 $a \in P$ 或 $b \in P$,即有 $a+P=0+P$ 或 $b+P=0+P$。因此,R/P 无零因子。由此可得,R/P 是整环。

习题 4

题 4-1　利用环的定义验证 4.1 节中的例 4-1、例 4-2、例 4-3。

题 4-2　$R=\{0,a,b,c\}$,加法和乘法分别由表 4-1 和表 4-2 这两个表给出,证明 R 是一个环。

<table>
<tr><td colspan="5">表 4-1　题 4-2 的加法表</td></tr>
<tr><td>+</td><td>0</td><td>a</td><td>b</td><td>c</td></tr>
<tr><td>0</td><td>0</td><td>a</td><td>b</td><td>c</td></tr>
<tr><td>a</td><td>a</td><td>0</td><td>c</td><td>b</td></tr>
<tr><td>b</td><td>b</td><td>c</td><td>0</td><td>a</td></tr>
<tr><td>c</td><td>c</td><td>b</td><td>a</td><td>0</td></tr>
</table>

<table>
<tr><td colspan="5">表 4-2　题 4-2 的乘法表</td></tr>
<tr><td>×</td><td>0</td><td>a</td><td>b</td><td>c</td></tr>
<tr><td>0</td><td>0</td><td>0</td><td>0</td><td>0</td></tr>
<tr><td>a</td><td>0</td><td>0</td><td>0</td><td>0</td></tr>
<tr><td>b</td><td>0</td><td>a</td><td>b</td><td>c</td></tr>
<tr><td>c</td><td>0</td><td>a</td><td>b</td><td>c</td></tr>
</table>

题 4-3　求复数环中元素 $a+ib$ 的逆元。

题 4-4　Z 为整数环,在集合 $Z \times Z$ 上定义加法和乘法分别如下：

$$(a,b)+(c,d) = (a+c, b+d)$$
$$(a,b) \times (c,d) = (ac+bd, ad+bc)$$

证明 $Z \times Z$ 是一个具有单位元的环。

题 4-5　在整数集合 Z 上重新定义加法 $\oplus$ 和乘法 $\odot$ 如下：

$$a \oplus b = ab, \quad a \odot b = a+b$$

Z 在新运算下是否构成环?

题 4-6 Z 为整数环,Q 为有理数环。以下集合对普通加法和乘法是否构成环? 如果是环,是否有单位元? 是否是交换环?

(1) $5Z = \{5n \mid n \in Z\}$。

(2) $Z[\sqrt{5}] = \{a + b\sqrt{5} \mid a、b \in Z\}$。

(3) $Q[\sqrt{5}] = \{a + b\sqrt{5} \mid a、b \in Q\}$。

(4) $Z^+ = \{a \mid a \in Z, a > 0\}$。

题 4-7 证明一个环的一个子集 S 构成一个子环的条件是:对于任意 $a、b \in S$,有
$$a - b \in S, \quad ab \in S$$

题 4-8 奇数集合是否构成整数环 Z 的子环?

题 4-9 设环 $R = \{z, a, b, c\}$ 的运算表如表 4-3 和表 4-4 所示。

表 4-3 题 4-9 的运算表(1)

+	z	a	b	c
z	z	a	b	c
a	a	z	c	b
b	b	c	z	a
c	c	b	a	z

表 4-4 题 4-9 的运算表(2)

×	z	a	b	c
z	z	z	z	z
a	z	a	b	c
b	z	z	z	z
c	z	a	b	c

试证:$\{z, a\}$、$\{z, b\}$、$\{z\}$、R 都是 R 的子环。

题 4-10 给出一个环的例子,使该环 R 有一个子环 T,而且

(1) R 有单位元,T 没有单位元。

(2) R 没有单位元,T 有单位元。

(3) R、T 有相同的单位元。

(4) R、T 都有单位元,但不同。

(5) R 不可交换但 T 可交换。

题 4-11 设 R 是一个环,$a \in R$,证明 $S = \{x \mid x \in R, ax = 0\}$ 是 R 的子环。

题 4-12 设 R 是一个环,且 $|R| \geqslant 2$,证明 R 的单位元 $1 \neq 0$。

(提示:该题隐含当 $|R| = 1$ 时 R 的单位元 $1 = 0$)

题 4-13 找出题 4-2 中的左、右零因子和零因子。

题 4-14 有理数环、实数环、复数环有无零因子?

题 4-15 求模 100 剩余类环的所有零因子。

题 4-16 画出环、交换环、有单位元环、无零因子环、整环、除环、域的关系图。

题 4-17 验证:全体有理数、全体实数和全体复数对于普通的加法和乘法都是域。

题 4-18 验证 4.2 节中例 4-11。

题 4-19 证明:一个无零因子且有两个以上元素的有限环是除环。

题 4-20 证明:有限整环是域。

题 4-21 证明一个除环的一个子集 S 构成一个子除环的条件是:

(1) S 包含非零元;

(2) 对于任意 $a、b \in S$,有 $a - b \in S$;

(3) 对于任意 $a、b \in S, b \neq 0$,有 $ab^{-1} \in S$。

（条件（3）提示：S 对乘法封闭，则 $ab\in S$；S 中非零元构成一个乘法子群，则对于 $a\neq 0$，$b\neq 0$，有 $ab^{-1}\in S$。合并得条件（3））

题 4-22　$\mathbf{Q}$ 为有理数集合。设 $S=\left\{\begin{bmatrix} a & 0 \\ 0 & b \end{bmatrix}\middle| a、b\in \mathbf{Q}\right\}$，证明 S 对于矩阵的加法和乘法是有单位元的交换环。S 是否是整环？

题 4-23　设 $S=\{a+bi|a、b\in Z, i=\sqrt{-1}\}$，证明 S 对于复数的加法和乘法是整环，但不是域。

题 4-24　验证 4.3 节的例 4-15 和例 4-16。

题 4-25　设 R 为一具有单位元的交换环，在 R 中定义：
$$a\oplus b=a+b-1, a\odot b=a+b-ab$$
证明在定义的新运算下，R 也是一具有单位元的交换环，并与原来的环同构。

题 4-26　证明：

（1）整数环的自同构只有恒等映射。

（2）有理数环的自同构只有恒等映射。

题 4-27　找出模 4 剩余类环上所有自同态和自同构。

题 4-28　假设 R 是偶数环，证明 $I=\{4r|r\in R\}$ 是 R 的理想。问 $I=(4)$？

题 4-29　找出模 12 剩余类环的所有理想。

题 4-30　设 $s、t$ 是两个非零整数，d 是它们的最大公约数，m 是最小公倍数，证明在整数环中，$(s)+(t)=(d)$，$(s)\bigcap(t)=(m)$。

题 4-31　找出整数 $s、t$，使 $(s)\bigcup(t)$ 不是 Z 的理想。

题 4-32　证明二阶整数矩阵环中，
$$A=\left\{\begin{bmatrix} x-2y & y \\ 2x-4y & 2y \end{bmatrix}\middle| x、y\in Z\right\}$$
是右理想。

题 4-33　在二阶整数矩阵环中，令
$$T=\left\{\begin{bmatrix} a & 0 \\ b & c \end{bmatrix}\middle| a、b、c\in Z\right\}$$
$$N=\left\{\begin{bmatrix} 2a & 2b \\ 2c & 2d \end{bmatrix}\middle| a、b、c、d\in Z\right\}$$

证明：

（1）T 是子环，但不是理想。

（2）N 是理想，N 是主理想吗？

题 4-34　设有环 $S_i(i=1,2,\cdots,n)$。令 $T=S_1\times S_2\times\cdots\times S_n$ 是笛卡儿积集，在 T 中定义加法和乘法如下：对于 $(a_1,a_2,\cdots,a_n)、(b_1,b_2,\cdots,b_n)\in T$，有
$$(a_1,a_2,\cdots,a_n)+(b_1,b_2,\cdots,b_n)=(a_1+b_1,a_2+b_2,\cdots,a_n+b_n)$$
$$(a_1,a_2,\cdots,a_n)(b_1,b_2,\cdots,b_n)=(a_1b_1,a_2b_2,\cdots,a_nb_n)$$
证明 T 是一个环，$N=\{(a_1,0,\cdots,0)|a_1\in S_1\}$ 是 T 的一个理想。

题 4-35　设 a 是环 R 的一个给定元素。证明：

（1）$N_l=\{b|b\in R, ba=0\}$ 是 R 的一个左理想。

(2) $N_r=\{b|b\in R,ab=0\}$ 是 R 的一个右理想。

题 4-36   设 A 是环 R 的理想。证明:

(1) $N_l=\{b|b\in R,a\in A=0\}$ 是 R 的一个左理想。

(2) $N_r=\{b|b\in R,ab=0\}$ 是 R 的一个右理想。

题 4-37   设 I_1、I_2 是环 R 的两个理想。证明

$$I_1+I_2=\{a+b\mid a\in I_1,b\in I_1\}$$

也是理想。

题 4-38   假设 f 是环 R 到环 S 的一个同态满射。证明:f 是 R 与 S 之间的同构当且仅当 f 的核是 R 的零理想。

题 4-39   证明整数环 Z 中的素理想和最大理想都是素数生成的理想。

多项式环与有限域 第 5 章

多项式环与有限域在密码和编码等领域具有重要的地位,多项式环与有限域的讨论也是上一章环和域概念的深入和应用。

5.1 多项式环

一般情况下,可以在环上定义多项式,如以前学的整系数多项式。但为了使系数可逆,下面在域上定义多项式。

定义 5-1 设 F 是一个域,设 $a_n \neq 0$。称
$$f(x) = a_n x^n + a_{n-1} x^{n-1} + \cdots + a_1 x + a_0 (a_i \in F, n \text{ 是非负整数})$$
是 F 上的一元 **n 次多项式**,其中 x 是一个未定元。称 $a_n x^n$ 为 $f(x)$ 的首项,n 是多项式 $f(x)$ 的**次数**,记为 $\deg(f(x)) = n$。如果 $a_n = 1$,则称 $f(x)$ 为**首一多项式**。

如果 $f(x) = a_0 \neq 0$,则约定 $\deg(f(x)) = 0$,为 0 次多项式。F 上的**全体一元多项式的集合**用 $F[x]$ 表示。当 a_i 全为 0 时,即 $f(x) = 0$,称为**零多项式**。对于零多项式不定义多项式的次数。

注:零次多项式是只有常数项的多项式,即 $f(x) = a_0 \neq 0$。不要把零次多项式与零多项式混淆。

读者已经熟知实数域上的多项式加法和乘法,现在把它们推广到任意一个域 F 上。为了方便描述两个多项式的二元运算,假设两个参与运算的多项式次数相同,因为当它们不同时,可以用 F 的零元 0 做系数补齐次数较低的多项式。

对于 $F[x]$ 中的任意两个多项式
$$f(x) = a_n x^n + a_{n-1} x^{n-1} + \cdots + a_1 x + a_0, \quad a_i \in F$$
$$g(x) = b_n x^n + b_{n-1} x^{n-1} + \cdots + b_1 x + b_0, \quad b_i \in F$$
定义 $F[x]$ 上的加法和乘法分别如下:
$$f(x) + g(x) = (a_n + b_n)x^n + (a_{n-1} + b_{n-1})x^{n-1} + \cdots + (a_1 + b_1)x + (a_0 + b_0)$$
$$f(x)g(x) = c_{2n}x^{2n} + \cdots + c_1 x + c_0, \quad \text{其中 } c_i = \sum_{k=0}^{i} a_k b_{i-k}$$

上面系数的加法和乘法是定义在 F 上的。

注：等号右边的加号是多项式各项的形式加，左边的加号是多项式的二元运算的加号，不要把多项式各项之间的加号与系数之间的加号相混淆。

显然如此定义的加法和乘法是封闭的，因此是合理的。加法和乘法显然都满足结合律和交换律，分配律也满足。

例 5-1 域 $\mathrm{GF}(2)$ 上的两个多项式($\mathrm{GF}(2)$ 的两个元素表示为 0、1)为
$$f(x) = x^5 + x^4 + x^2 + x + 1, g(x) = x^8 + x + 1$$
则
$$f(x) + g(x) = x^8 + x^5 + x^4 + x^2$$
$$f(x)g(x) = x^{13} + x^{12} + x^{10} + x^9 + x^8 + x^6 + x^4 + x^3 + 1$$

定理 5-1 $F[x]$ 是具有单位元的整环。

证明：显然加法和乘法都满足结合律和交换律，同时分配律也满足。

$F[x]$ 构成加法交换群，零元素即零多项式，任意多项式
$$f(x) = a_n x^n + a_{n-1} x^{n-1} + \cdots + a_1 x + a_0$$
的加法逆元为
$$-f(x) = -a_n x^n + (-a_{n-1}) x^{n-1} + \cdots + (-a_1) x + (-a_0)$$
也可以写为
$$-f(x) = -a_n x^n - a_{n-1} x^{n-1} - \cdots - a_1 x - a_0$$

$F[x]$ 的单位元为 $f(x) = 1(a_0 = 1,$ 其他 a_i 全为 0)。

由 F 无零因子，可证 $F[x]$ 无零因子。

故 $F[x]$ 是具有单位元的整环。

把 $F[x]$ 的单位元记为 $I(x)$，事实上
$$I(x) = 1$$
对于任意 $f(x) \in F[x]$，总有
$$I(x)f(x) = f(x)I(x) = f(x)$$

从多项式的定义不难看出 F 是 $F[x]$ 子域。下面了解一些多项式的基本性质，有些内容可能与第 1 章的内容类似，这是因为整数环与多项式环 $F[x]$ 都是具有单位元的整环。

定义 5-2 对于 $f(x)$、$g(x) \in F[x]$，$f(x) \neq 0$。如果存在 $q(x) \in F[x]$，使得 $g(x) = q(x)f(x)$，则称 **$f(x)$ 整除 $g(x)$**，记为 $f(x)|g(x)$，$f(x)$ 称为 $g(x)$ 的**因式**。如果 $(f(x))^k | g(x)$，但 $(f(x))^{k+1}$ 不能整除 $g(x)$，则称 $f(x)$ 是 $g(x)$ 的 k **重因式**。

多项式整除具有下列性质(其中 $c \neq 0 \in F$)：

(1) $f(x)|0$。

(2) $c|f(x)$(因为 $f(x) = c(c^{-1}f(x))$)。

(3) 如果 $f(x)|g(x)$，则
$$cf(x) \mid g(x)$$

(4) 如果 $f(x)|g(x), g(x)|h(x)$，则
$$f(x) \mid h(x)$$

(5) 如果 $f(x)|g(x), f(x)|h(x)$，则对任意 $u(x)$、$v(x) \in F[x]$，有
$$f(x) \mid u(x)g(x) + v(x)h(x)$$

(6) 如果 $f(x)|g(x)$，$g(x)|f(x)$，则存在 $c\neq0\in F$ 满足

$$f(x) = cg(x)$$

注：由于这里的多项式是定义在域上的，所以性质(2)、(3)是成立的。有的参考书把多项式定义在环上，性质(2)、(3)就不一定成立。

例 5-2　$Z[x]$ 中有 $(x+1)|(x^2-1)$、$(x-1)|(x^n-1)$（n 是正整数）。

与整数一样，$F[x]$ 也可以做带余除法。即对于 $f(x)$、$g(x)\in F[x]$，$f(x)\neq0$，则存在 $q(x)$、$r(x)\in F[x]$，使

$$g(x) = q(x)f(x)+r(x)，r(x)=0 \quad 或 \quad \deg(r(x)) < \deg(f(x))$$

例 5-3　在有理数域中取 $f(x)=3x^3+4x^2-5x+6$，$g(x)=x^2-3x+1$，求 $g(x)$ 除 $f(x)$ 的商式和余式。

解：因为 $f(x)=3x^3+4x^2-5x+6=(3x+13)(x^2-3x+1)+(31x-7)$，所以商式为 $3x+13$，余式为 $31x-7$。

例 5-4　GF(2)$[x]$ 上多项式

$$f(x) = x^2+x+1$$
$$g(x) = x^5+x^3+x^2+x+1$$

则

$$g(x) = (x^3+x^2+x+1)(x^2+x+1)+x$$

定义 5-3　$f(x)$、$g(x)\in F[x]$ 为不全为零多项式。设 $d(x)\neq0\in F[x]$，如果 $d(x)|f(x)$、$d(x)|g(x)$，则称 $d(x)$ 是 $f(x)$、$g(x)$ 的一个**公因式**。如果公因式 $d(x)$ 是首一多项式，而且 $f(x)$、$g(x)$ 的任何公因式都整除 $d(x)$，则称 $d(x)$ 是 $f(x)$、$g(x)$ 的**最大公因式**，记为 $(f(x),g(x))$。如果 $(f(x),g(x))=1$，则称 $f(x)$、$g(x)$**互素**。

求多项式最大公因式要使用多项式的欧几里得算法，或称辗转相除法。

定理 5-2(欧几里得算法)　对于多项式 $f(x)$、$g(x)$，其中 $\deg(f(x))\leqslant\deg(g(x))$。反复进行欧几里得除法，得到下列方程式：

$$g(x) = q_1(x)f(x)+r_1(x)，\quad \deg(r_1(x)) < \deg(f(x))$$
$$f(x) = q_2(x)r_1(x)+r_2(x)，\quad \deg(r_2(x)) < \deg(r_1(x))$$
$$r_1(x) = q_3(x)r_2(x)+r_3(x)，\quad \deg(r_3(x)) < \deg(r_2(x))$$
$$\cdots$$
$$r_{m-2}(x) = q_m(x)r_{m-1}(x)+r_m(x)，\quad \deg(r_m(x)) < \deg(r_{m-1}(x))$$
$$r_{m-1}(x) = q_{m+1}(x)r_m(x)$$

于是

$$r_m(x) = (f(x),g(x))$$

证明：由上述除法过程可见，$r_m(x)$ 整除 $r_{m-1}(x)$、$r_{m-2}(x)$、$\cdots$、$r_1(x)$、$f(x)$、$g(x)$。$r_m(x)$ 是 $f(x)$、$g(x)$ 的公因式。设 $h(x)$ 也是 $f(x)$、$g(x)$ 的公因式，则 $h(x)$ 整除 $g(x)$、$f(x)$、$r_1(x)$、$\cdots$、$r_{m-2}(x)$、$r_{m-1}(x)$、$r_m(x)$。故 $r_m(x)$ 是 $f(x)$、$g(x)$ 的最大公因式。

注：如果在使用欧几里得除法计算的 $r_m(x)$ 不是首一的，可以通过乘以一个常数来满足要求。

例 5-5　求 GF(2)$[x]$ 上多项式

$$f(x) = x^5+x^3+x+1$$

信息安全数学基础教程(第 2 版)

$$g(x) = x^3 + x^2 + x + 1$$

的最大公因式。

由欧几里得算法得：

$$x^5 + x^3 + x + 1 = (x^2 + x + 1)(x^3 + x^2 + x + 1) + (x^2 + x)$$
$$x^3 + x^2 + x + 1 = x(x^2 + x) + (x + 1)$$
$$x^2 + x = x(x + 1)$$

故

$$(f(x), g(x)) = x + 1$$

进一步有下面的定理。

定理 5-3 对于多项式 $f(x)$、$g(x)$，其中 $\deg(f(x)) \leqslant \deg(g(x))$，而且

$$h(x) = (f(x), g(x))$$

则存在 $a(x)$、$b(x)$ 使

$$a(x)f(x) + b(x)g(x) = h(x)$$

其中 $\deg(a(x)) < \deg(g(x))$，$\deg(b(x)) \leqslant \deg(g(x))$。

在欧几里得算法中，从上到下依次将 $r_1(x)$、$r_2(x)$、$\cdots$、$r_{m-1}(x)$、$r_m(x)$ 用 $f(x)$、$g(x)$ 表示便得到该定理。

特别地，当 $f(x)$、$g(x)$ 互素时，存在 $a(x)$、$b(x)$ 使

$$a(x)f(x) + b(x)g(x) = 1$$

定义 5-4 设 $p(x) \in F[x]$ 为一多项式，且 $\deg(p(x)) \geqslant 1$，如果 $p(x)$ 在 $F[x]$ 内的因式仅有零次多项式及 $cp(x)$ $(c \neq 0 \in F)$，则称 $p(x)$ 是 $F[x]$ 内的一个**不可约多项式**，否则称为**可约多项式**。

例 5-6 $Z[x]$ 上多项式 $x^2 + 1$ 不可约。GF(2)$[x]$ 上多项式 $x^2 + 1$ 可约：$x^2 + 1 = (x + 1)^2$。

例 5-6 说明一个多项式可约与否取决于它所在的域或环，这一点需要注意。例 5-6 中考虑的环 $Z[x]$ 是定义在环上的，那么前面介绍的性质有些可能就不适用于 $Z[x]$。

表 5-1 列出 GF(2)$[x]$ 五次以内的不可约多项式。

表 5-1 GF(2)$[x]$ 五次以内的不可约多项式

次数	多 项 式
0	1
1	$x, x + 1$
2	$x^2 + x + 1$
3	$x^3 + x^2 + 1, x^3 + x + 1$
4	$x^4 + x^3 + x^2 + x + 1, x^4 + x^3 + 1, x^4 + x + 1$
5	$x^5 + x^3 + x^2 + x + 1, x^5 + x^4 + x^2 + x + 1, x^5 + x^4 + x^3 + x + 1, x^5 + x^4 + x^3 + x^2 + 1, x^5 + x^3 + 1,$ $x^5 + x^2 + 1$

整数可以分解为素数的乘积，多项式也可以分解为不可约多项式的乘积。

定理 5-4 (因式分解唯一定理)$F[x]$ 上的多项式

$$f(x) = a_n x^n + a_{n-1} x^{n-1} + \cdots + a_1 x + a_0$$

可分解为

$$f(x) = a_n (p_1(x))^{k_1} (p_2(x))^{k_2} \cdots (p_r(x))^{k_r}, \quad (k_1, k_2, \cdots, k_r > 0)$$

其中 $p_1(x)$、$\cdots$、$p_r(x)$ 是两两不同的首一不可约多项式。除 $p_1(x)$、$\cdots$、$p_r(x)$ 的排列次序外，上述分解除了排列次序是唯一的。

证明：首先证明存在这样的分解。

(1) 如果 $f(x)$ 是不可约的，则定理正确。

(2) 如果 $f(x)$ 可约，则存在 $g(x)$、$h(x)$，使

$$f(x) = g(x)h(x)$$

其中 $0 < \deg(g(x))$，$\deg(h(x)) < \deg(f(x))$。对 $g(x)$、$h(x)$ 继续分解，一直可以把 $f(x)$ 分解成互不相同的不可约多项式的幂的乘积。

再证这样的分解除排列次序外是唯一的。设还存在另一分解：

$$f(x) = a_n (q_1(x))^{l_1} (q_2(x))^{l_2} \cdots (q_s(x))^{l_s}$$

于是

$$(p_1(x))^{k_1} (p_2(x))^{k_2} \cdots (p_r(x))^{k_r} = (q_1(x))^{l_1} (q_2(x))^{l_2} \cdots (q_s(x))^{l_s}$$

由上式知

$$p_1(x) \mid (q_1(x))^{l_1} (q_2(x))^{l_2} \cdots (q_s(x))^{l_s}$$

由于 $p_1(x)$ 是不可约多项式，则 $p_1(x)$ 整除右边某个不可约多项式。不失一般性，设 $p_1(x) \mid q_1(x)$，由于 $p_1(x)$、$q_1(x)$ 都不可约得

$$p_1(x) = cq_1(x) \ (c \in F)$$

而 $p_1(x)$、$q_1(x)$ 都是首一多项式，所以 $p_1(x)=q_1(x)$。等式两边分别约去 $p_1(x)$ 和 $q_1(x)$，有

$$(p_1(x))^{k_1-1} (p_2(x))^{k_2} \cdots (p_r(x))^{k_r} = (q_1(x))^{l_1-1} (q_2(x))^{l_2} \cdots (q_s(x))^{l_s}$$

上述过程进行下去，可以得到两个分解除不可约因式排列次序外是相同的。

定理 5-2 说明，分解一个多项式的直接方法是用所有次数比它低的不可约多项式对其进行穷尽整除试探。下面的定理对分解一个多项式很有帮助。

定理 5-5　一个多项式 $f(x) \in F[x]$ 含有因式 $x-a$ $(a \in F)$，当且仅当 $f(a)=0$。

证明：由欧几里得除法，有

$$f(x) = q(x)(x-a)+r, \quad 其中 r \in F$$

于是 $(x-a) \mid f(x)$ 当且仅当 $r=0$ 当且仅当 $f(a)=0$。

例 5-7　分解 $GF(2)[x]$ 上多项式：

$$f(x) = x^5 + x^4 + x^3 + x^2 + x + 1$$

由于 $f(1)=0$，所以 $f(x)$ 有因式 $x+1$。运用多项式除法得

$$f(x) = (x+1)(x^4 + x^2 + 1)$$

通过试探得

$$(x^4 + x^2 + 1) = (x^2 + x + 1)^2$$

故

$$f(x) = (x+1)(x^2 + x + 1)^2$$

实际上在 $GF(2)[x]$ 上有

$$(f(x) + g(x))^2 = (f(x))^2 + (g(x))^2$$

因此 $x^4 + x^2 + 1$ 也可这样分解：

$$x^4 + x^2 + 1 = (x^2 + x)^2 + 1 = (x^2 + x)^2 + 1^2 = (x^2 + x + 1)^2$$

多项式环里与整数环具有相似的性质，因此多项式运算的特点与第 1 章里讨论的整除

可以类比。

5.2　多项式剩余类环

定义 5-5　设 $f(x) \in F[x]$ 是首一多项式。对于 $a(x)$、$b(x) \in F[x]$,如果 $f(x)$ 除 $a(x)$、$b(x)$ 得相同的余式,即

$$a(x) = q_1(x)f(x) + r(x)$$
$$b(x) = q_2(x)f(x) + r(x)$$

则称 $a(x)$ 和 $b(x)$ 关于模 $f(x)$ 同余,记为

$$a(x) \equiv b(x) \bmod f(x)$$

由定义可见,$a(x) \equiv b(x) \bmod f(x)$ 当且仅当

$$a(x) - b(x) = g(x)f(x), \quad g(x) \in F[x]$$

或

$$f(x) \mid (a(x) - b(x))$$

令 $\overline{a(x)}$ 是 $F[x]$ 中和 $a(x)$ 关于模 $f(x)$ 同余的全体多项式集合。与整数情形相似,可以把 $F[x]$ 划分成剩余类。这些剩余类的集合记为 $F[x] \bmod f(x)$。

例 5-8　$GF(2)[x] \bmod (x^2+1) = \{\overline{0}, \overline{1}, \overline{x}, \overline{x+1}\}$。

定义多项式剩余类的加法和乘法分别如下:

$$\overline{a(x)} + \overline{b(x)} = \overline{a(x) + b(x)}$$
$$\overline{a(x)}\, \overline{b(x)} = \overline{a(x)b(x)}$$

定理 5-6　设 $f(x) \in F[x]$ 是一个首一多项式,且 $\deg(f(x)) > 0$,则 $F[x] \bmod f(x)$ 构成具有单位元的交换环,称为**多项式剩余类环**。

这一点很容易验证,留给读者练习。

多项式剩余类环可能存在零因子,例如 $GF(2)[x] \bmod (x^2+1)$ 中 $\overline{x+1}$ 就是零因子,因为

$$\overline{x+1}\,\overline{x+1} = \overline{x^2+1} = \overline{0}$$

$GF(2)[x] \bmod (x^2+1)$ 存在零因子,是因为 x^2+1 是可约多项式。在不可约多项式情形,有下面的定理。

定理 5-7　如果 $f(x)$ 是 F 上的首一不可约多项式,则 $F[x] \bmod f(x)$ 构成域。

证明:在定理 5-6 的基础上只需证明 $F[x] \bmod f(x)$ 的每个非零元都有乘法逆元,则 $F[x] \bmod f(x)$ 是域。

对于任意 $\overline{g(x)} \neq \overline{0} \in F[x] \bmod f(x)$,由于 $f(x)$ 是首一不可约多项式,则

$$(g(x), f(x)) = 1$$

于是存在 $a(x)$、$b(x) \in F[x]$,使

$$a(x)g(x) + b(x)f(x) = 1$$

所以

$$\overline{a(x)g(x) + b(x)f(x)}$$
$$= \overline{a(x)}\, \overline{g(x)} + \overline{b(x)}\, \overline{f(x)}$$
$$= \overline{a(x)}\, \overline{g(x)} + \overline{b(x)}\, \overline{0}$$

$$= \overline{a(x)}\ \overline{g(x)}$$
$$= \overline{1}$$

这表明 $a(x)$ 是 $g(x)$ 的逆元。

定理证毕。

下面讨论多项式环的理想与多项式剩余类环的关系。

很容易验证：对于任意 $f(x) \in F[x]$，

$$I = \{g(x)f(x) \mid g(x) \in F[x]\}$$

是 $F[x]$ 的理想。

由 4.4 节的定理 4-9，得到 I 的全体陪集是 $F[x]$ 关于 I 的商环。而 I 的全体陪集正好是剩余类的集合 $F[x] \bmod f(x)$，所以 $F[x] \bmod f(x)$ 构成一个环，是 $F[x]$ 关于

$$I = \{g(x)f(x) \mid g(x) \in F[x]\}$$

的商环。

定理 5-8　$F[x]$ 是主理想整环。

证明：$F[x]$ 是有单位元的交换环，需要证明 $F[x]$ 中的每一个理想都是由一个多项式生成的理想，即都是主理想。

设 I 是 $F[x]$ 中任意理想。如果 $I = \{0\}$，则 I 显然是主理想。否则 I 中一定有一个最低次数的多项式 $f(x)$。下面证明 I 是由 $f(x)$ 生成的理想。对于任意 $g(x) \in I$，有

$$g(x) = q(x)f(x) + r(x), r(x) = 0 \quad 或 \quad \deg(r(x)) < \deg(f(x))$$

由于 I 是理想，

$$r(x) = g(x) - q(x)f(x) \in I$$

因为 $f(x)$ 次数的最低性得 $r(x) = 0$，所以

$$g(x) = q(x)f(x)$$

则 $g(x) \in (f(x))$。故 $I = (f(x))$。

故 $F[x]$ 是一个主理想整环。

5.3　有限域

以前曾经涉及有限域，这里重新并且正式给出它的定义。

定义 5-6　有限个元素构成的域称为**有限域**或 **Galois**(伽罗瓦)**域**。域中元素的个数称为有限域的阶。

例 5-9　以前曾指出，当 p 是素数时，模 p 剩余类集合

$$\{\overline{0}, \overline{1}, \overline{2}, \cdots, \overline{p-1}\}$$

构成 p 阶有限域 $\text{GF}(p)$。

q 阶有限域的所有非零元构成 $q-1$ 阶乘法交换群。在乘法群中，元素 a 的阶 n 是使 $a^n = 1$ 的最小正整数。a 生成一个 n 阶循环群：

$$\{1, a^1, a^2, \cdots, a^{n-1}\}$$

由关于群的讨论有，n 阶有限群的任意元素 a 均满足

$$a^n = 1$$

于是 q 阶有限域的 $q-1$ 阶乘法群的任意元素 a，即 q 阶有限域的任意非零元素 a 均满足

$$a^{q-1} = 1$$

如果把零元也考虑进来,则 q 阶有限域的所有元素满足

$$a^q = a, \quad 或 \quad a^q - a = 0$$

那么 q 阶有限域可以看成是方程

$$x^q - x = 0$$

的根的集合。

定义 5-7 q 阶有限域中阶为 $q-1$ 的元素称为**本原域元素**,简称**本原元**。

本原元的意义是很明显的。如果 q 阶有限域中存在本原元 a,则所有非零元构成一个由 a 生成的 $q-1$ 阶循环群。那么 q 阶有限域就可以表示为

$$\{\, 0, 1, a^1, a^2, \cdots, a^{q-2} \,\}$$

有限域是否一定存在本原元? 这里不加证明地给出如下定理。

定理 5-9 有限域中一定含有本原元。

定理 5-9 说明,有限域的非零元构成一个循环群。这是有限域的一个非常有趣的事实,也是有限域具有重要应用的原因。

实际上,当 $q > 2$ 时,q 阶有限域的本原元多于一个。如果 a 是一个本原元,对于 $1 \leqslant k \leqslant q-1$,只要

$$(k, q-1) = 1$$

由群中的结论,则 a^k 的阶也是 $q-1$,即 a^k 也是本原元。这里指出,q 阶有限域中共有 $\varphi(q-1)$ 个本原元($\varphi(.)$是欧拉函数)。

在下面的讨论中,如果没有特别指定,则"域"指一般域(有限域和无限域),而不局限于有限域。

域的元素构成一个加法交换群。现在来讨论域元素关于加法的阶。

假设 a 是域中的一个非零元,使

$$na = \overbrace{a + a + \cdots + a}^{n个} = 0$$

的最小正整数 n 是 a 的加法阶。如果不存在这样的 n,则加法阶是无限大。

例 5-10 GF(7)非零元素的加法阶,如图 5-1 所示。

$\overline{1}$	$\overline{2}$	$\overline{3}$	$\overline{4}$	$\overline{5}$	$\overline{6}$
7	7	7	7	7	7

图 5-1 GF(7)非零元素的加法阶

为什么 GF(7)非零元素的加法阶总是相同呢? 下面的这个定理回答了这个问题。

定理 5-10 在一个无零因子环 R 里所有非零元的加法阶都相同。当加法阶有限时,它是一个素数。

证明:如果 R 的每一个非零元的阶都是无限大,那么定理正确。

如果 R 的一个非零元 a 的阶有限,假设为 n。设 b 是另一个非零元,则

$$(na)b = a(nb) = 0$$

由于 R 无零因子,可得 $nb = 0$。可以断定 n 是使 $nb = 0$ 的最小正整数,否则假定 $m < n$ 使得 $mb = 0$,于是

$$(mb)a = b(ma) = 0 \Rightarrow ma = 0$$

与 n 是 a 的阶矛盾。故 n 也是 b 的阶。

下面证 n 是一个素数。

假设 n 不是素数,则

$$n = n_1 n_2, \quad 其中 n_1、n_2 < n$$

显然

$$n_1 a \neq 0, \quad n_2 a \neq 0$$

但是有

$$(n_1 a)(n_2 a) = ((n_1 n_2)a)a = (na)a = 0$$

这与 R 无零因子矛盾,故 n 是素数。

定义 5-8 域中非零元的加法阶称为环的特征,当加法阶为无限大时,称特征为 0。

可以认为,之所以称域中非零元的加法阶为特征,是可以把非零元的"阶"专门用来指其乘法阶。

推论 5-1 域的特征或者是 0,或者是一个素数。有限域的特征是素数。

例 5-11 GF(p)的特征为 p,因为

$$p\bar{1} = \overbrace{\bar{1} + \bar{1} + \cdots + \bar{1}}^{p\uparrow} = \bar{0}$$

可以发现一个有趣的现象,GF(p)的特征等于 $|\mathrm{GF}(p)|$。

定义 5-9 如果一个域 F 不再含有真子集作为 F 的子域,则称 F 为**素域**。

定理 5-11 阶为素数的有限域必为素域。

证明:如果一个素数 q 阶域 F 有真子域,那么这个真子域一定是 F 构成的加法群的真子群,这个子群的阶一定是 q 的因子。而素数 q 除 1 和 q 外无其他因子,因子 1 对应 $\{0\}$ 这个子群,它不是域;因子 q 对应 F 全体。可见 F 无真子域,F 是素域。

例 5-12 GF(p)是素域。

引理 5-1 在特征为 p 的域中,下列子集

$$\{0, 1, 1+1, \cdots, \overbrace{1+1+\cdots+1}^{p-1\uparrow}\}$$

构成 p 阶素子域,而且这一素子域与 GF(p)同构。

证明:设

$$S = \{0, 1, 1+1, \cdots, \overbrace{1+1+\cdots+1}^{p-1\uparrow}\}。$$

建立 S 与 GF(p)的下列映射

$$0 \to \bar{0}, 1 \to \bar{1}, 1+1 \to \bar{2}, \cdots, \overbrace{1+1+\cdots+1}^{p-1\uparrow} \to \overline{p-1}$$

很容易看出这是一个同构映射,因此 S 是一个 p 阶有限域。

定理 5-12

(1) 素数 p 阶域的特征为 p。

(2) 任何素数 p 阶域与 GF(p)同构。

证明:

(1) 设素数 p 阶域 F 的特征为 q。则由引理 5-1, F 含有一个与 GF(q)同构的 q 阶素子域 S,而又由定理 5-11, F 是素域,所以 $F=S,p=q$。

(2) 由(1)和引理 5-1 显然。

由于任何素数 p 阶域都与 GF(p)同构,这样可以用 GF(p)代表任意素数 p 阶域,并且将 GF(p)中的元素简单记为

$$\{0,1,2,\cdots,p-1\}$$

现在可以说完全了解素数阶有限域的构造。对于一般有限域不加证明地给出以下结论。

定理 5-13 有限域的阶必为其特征之幂。

一般有限域记为 **GF(p^m)**,其中 p 是域的特征,m 是正整数。由于特征总是素数,则有限域的阶总为素数的幂。

由 5.2 节的定理 5-7,可以得到一般有限域的构造方法。

定理 5-14 如果 $f(x)$是 GF(p)上的 m 次首一不可约多项式,则

$$\text{GF}(p)[x] \bmod f(x)$$

构成 p^m 阶有限域 GF(p^m)。

证明:当 $f(x)$是 p 阶域 GF(p)上的 m 次首一不可约多项式时,GF(p)[x] mod $f(x)$ 构成 p^m 个元素的域,这个域的特征为 p,所以 GF(p)[x] mod $f(x)$构成 p^m 阶有限域 GF(p^m)。

进一步有下面的定理。

定理 5-15 任意 GF(p^m)有限域都同构。

这个定理的证明超出本书的范围。由于该定理,任意 p^m 阶有限域都可记为 GF(p^m),不必加以区分,这与任意素数域都记为 GF(p)同理。

例 5-13 GF(2)[x] mod (x^3+x+1)构成有限域 GF(2^3)。

GF(2^3)的 8 个元素:

$$\{\overline{0},\overline{1},\overline{x},\overline{x+1},\overline{x^2},\overline{x^2+1},\overline{x^2+x},\overline{x^2+x+1}\}$$

为了表示简单,可以去掉上面的横线,但其剩余类的含义没有改变。即

$$\{0,1,x,x+1,x^2,x^2+1,x^2+x,x^2+x+1\}$$

例 5-14 GF(3)[x] mod (x^2+1)构成有限域 GF(3^2)。

GF(3^2)的 9 个元素:

$$\{\overline{0},\overline{1},\overline{2},\overline{x},\overline{x+1},\overline{x+2},\overline{2x},\overline{2x+1},\overline{2x+2}\}$$

为了表示简单,可以去掉上面的横线,但其剩余类的含义没有改变。即

$$\{0,1,2,x,x+1,x+2,2x,2x+1,2x+2\}$$

习题 5

题 5-1 证明 $F[x]$无零因子。

题 5-2 计算域 GF(7)上两个多项式的和与乘积为:

$$f(x) = x^6 + 5x^4 + x^2 + 6x + 1$$

$$g(x) = x^7 + 3x + 1$$

题 5-3　证明在 GF(2)$[x]$上有$(f(x)+g(x))^2=(f(x))^2+(g(x))^2$。

题 5-4　验证 $x^5+x^4+x^2+x+1$、$x^5+x^4+x^3+x+1$ 不可约。

题 5-5　求 GF(3)$[x]$上多项式 x^6+x^3+1、x^2+x+1 的最大公因式。

题 5-6　对整数环和多项式环进行比较。

题 5-7　设 GF(2)上两个多项式为:
$$f(x) = x^5 + x^4 + x^3 + x^2 + x + 1$$
$$g(x) = x^3 + x + 1$$
求 $f(x) \bmod g(x)$。

题 5-8　计算 GF(2)$[x] \bmod (x^2+1)$的加法和乘法运算表。

题 5-9　证明 5.2 节的定理 5-6。

题 5-10　证明在特征为 p 的域里,有
$$(a+b)^p = a^p + b^p$$

题 5-11　计算有限域 GF(2^3):GF(2)$[x] \bmod (x^3+x+1)$ 的加法和乘法运算表。

第6章 同 余 式

前面已经讨论了同余的基本概念和剩余类环,本章将对同余和同余式进行深入的讨论。

6.1 剩余系

先回顾剩余类的概念。

设 m 是正整数,模 m 同余的全体整数是一个模 m 剩余类,即可表示为

$$a = qm + r, \quad 0 \leqslant r < m, \quad q = 0, \pm 1, \pm 2, \cdots$$

的整数是一个模 m 剩余类,剩余类中的每个数都称为该类的代表,r 称为该类的最小非负剩余。

模 m 剩余类共有 m 个,可分别表示为:

$\overline{0} = \{0, \pm m, \pm 2m, \pm 3m, \cdots\}$

$\overline{1} = \{1, 1 \pm m, 1 \pm 2m, 1 \pm 3m, \cdots\}$

$\overline{2} = \{2, 2 \pm m, 2 \pm 2m, 2 \pm 3m, \cdots\}$

$\cdots$

$\overline{m-1} = \{(m-1), (m-1) \pm m, (m-1) \pm 2m, (m-1) \pm 3m, \cdots\}$

例 6-1 全部模 8 的剩余类为

$$\overline{0} = \{0, \pm 8, \pm 2 \times 8, \pm 3 \times 8, \cdots\}$$

$$\overline{1} = \{1, 1 \pm 8, 1 \pm 2 \times 8, 1 \pm 3 \times 8, \cdots\}$$

$$\overline{2} = \{2, 2 \pm 8, 2 \pm 2 \times 8, 2 \pm 3 \times 8, \cdots\}$$

$$\cdots$$

$$\overline{7} = \{7, 7 \pm 8, 7 \pm 2 \times 8, 7 \pm 3 \times 8, \cdots\}$$

在数轴上,一个剩余类做任意整数间隔的平移仍然是一个剩余类,或是另一个剩余类,或是它自己。也就是说 $i + \overline{k}$ 还是剩余类,或者为 $\overline{k}$,或者为其他某个剩余类 $\overline{l}$。

定义 6-1 从模 m 剩余类中各取一个代表,则称这些代表的集合为模 m

的一个**完全剩余系**。

例 6-2 模 m 的两个完全剩余系：

$$\{0,1,2,\cdots,m-1\}$$
$$\{m,m+1,m+2,\cdots,2m-1\}$$

显然一个完全剩余系在数轴上的任意整数间隔的平移都是一个完全剩余系，如图 6-1 所示。

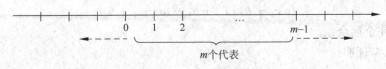

图 6-1 完全剩余系

例 6-3

（1）当 m 是偶数时，

$$\left\{-\frac{m}{2},-\frac{m}{2}+1,\cdots,-1,0,1,\cdots,\frac{m}{2}-1\right\}$$
$$\left\{-\frac{m}{2}+1,\cdots,-1,0,1,\cdots,\frac{m}{2}-1,\frac{m}{2}\right\}$$

都是模 m 的完全剩余系。

（2）当 m 是奇数时，

$$\left\{-\frac{m-1}{2},\cdots,-1,0,1,\cdots,\frac{m-1}{2}\right\}$$

是模 m 的完全剩余系。

定义 6-2 $\{0,1,2,\cdots,m-1\}$ 称为模 m 的**最小非负完全剩余系**。当 m 是偶数时，

$$\left\{-\frac{m}{2},-\frac{m}{2}+1,\cdots,-1,0,1,\cdots,\frac{m}{2}-1\right\}$$

或

$$\left\{-\frac{m}{2}+1,\cdots,-1,0,1,\cdots,\frac{m}{2}-1,\frac{m}{2}\right\}$$

称为模 m 的**绝对值最小完全剩余系**。当 m 是奇数时，

$$\left\{-\frac{m-1}{2},\cdots,-1,0,1,\cdots,\frac{m-1}{2}\right\}$$

称为模 m 的**绝对值最小完全剩余系**。

例 6-4

（1）模 32 的最小非负完全剩余系为：

$$\{0,1,2,\cdots,31\}$$

（2）模 32 的绝对值最小完全剩余系为：

$$\{-16,-15,\cdots,-1,0,1,\cdots,14,15\}$$

或

$$\{-15,-14,\cdots,-1,0,1,\cdots,15,16\}$$

（3）模 31 的绝对值最小完全剩余系为：

$$\{-15,-14,\cdots,-1,0,1,\cdots,14,15\}$$

前面指出了一个完全剩余系在数轴上的任意整数间隔的平移都是一个完全剩余系,这个结论是下面定理的特例。

定理 6-1 设 a 是一个整数且 $(a,m)=1$,b 是任意整数。如果 x 跑遍模 m 的一个完全剩余系,则 $ax+b$ 也跑遍模 m 的完全剩余系。即如果

$$\{x_0,x_1,\cdots,x_{m-1}\}$$

是模 m 的一个完全剩余系,则

$$\{ax_0+b,ax_1+b,\cdots,ax_{m-1}+b\}$$

也是模 m 的完全剩余系。

证明:只需证明

$$\{ax_0+b,ax_1+b,\cdots,ax_{m-1}+b\}$$

两两不同余就行了。用反证法。

假设存在 x_i 和 x_j 使得

$$ax_i+b\equiv ax_j+b\ (\mathrm{mod}\ m),\text{其中}\ i\neq j$$

则

$$ax_i\equiv ax_j(\mathrm{mod}\ m)$$

因为 $(a,m)=1$,于是

$$x_i\equiv x_j(\mathrm{mod}\ m)$$

这与

$$\{x_0,x_1,\cdots,x_{m-1}\}$$

是模 m 的一个完全剩余系相矛盾,故定理证得。

定理 6-2 如果 x_1、x_2 分别跑遍模 m_1 和模 m_2 的完全剩余系,且 $(m_1,m_2)=1$,则

$$m_2x_1+m_1x_2$$

跑遍模 m_1m_2 的完全剩余系。

证明:当 x_1、x_2 分别跑遍模 m_1 和模 m_2 的完全剩余系时,$m_2x_1+m_1x_2$ 跑遍 m_1m_2 个整数。现在证明这 m_1m_2 个整数两两不同余就行了。用反证法。

假设 x_1、y_1 模 m_1 不同余,x_2、y_2 模 m_2 不同余,但

$$m_2x_1+m_1x_2\equiv m_2y_1+m_1y_2(\mathrm{mod}\ m_1m_2)$$

于是

$$m_2x_1+m_1x_2\equiv m_2y_1+m_1y_2(\mathrm{mod}\ m_1)$$

则

$$m_2x_1\equiv m_2y_1(\mathrm{mod}\ m_1)$$

由 $(m_1,m_2)=1$,得 $x_1\equiv y_1(\mathrm{mod}\ m_1)$。

同理得 $x_2\equiv y_2(\mathrm{mod}\ m_2)$。

结果矛盾,故定理证得。

定义 6-3 如果一个模 m 的剩余类里面的数与 m 互素,则称它为**与模 m 互素的剩余类**。从与模 m 互素的每个剩余类中各取一个数构成的集合称为模 m 的一个**简化剩余系**。

例 6-5 模 16 的两个简化剩余系为:

$$\{1,3,5,7,9,11,13,15\}$$
$$\{17,19,21,23,25,27,29,31\}$$

曾经指出，

$$\{0,1,2,\cdots,m-1\}$$

中与 m 互素的数有 $\varphi(m)$（欧拉函数）个。

例 6-6　$\varphi(2)=1,\varphi(3)=2,\varphi(5)=4,\varphi(7)=6,\varphi(9)=6,\varphi(16)=8$。

模 m 的一个简化剩余系含有 $\varphi(m)$ 个元素。

定理 6-3　设 a 是一个整数且 $(a,m)=1$。如果 x 跑遍模 m 的一个简化剩余系，则 ax 也跑遍模 m 的简化剩余系。即如果

$$\{x_0,x_1,\cdots,x_{\varphi(m)-1}\}$$

是模 m 的一个简化剩余系，则

$$\{ax_0,ax_1,\cdots,ax_{\varphi(m)-1}\}$$

也是模 m 的简化剩余系。

证明：显然 ax 跑遍 $\varphi(m)$ 个整数。由于 $(a,m)=1$ 和 $(x,m)=1$，则

$$(ax,m)=1$$

现在证明 $\{ax_0,ax_1,\cdots,ax_{\varphi(m)-1}\}$ 两两不同余。用反证法。

假设

$$ax_i \equiv ax_j(\bmod m),\quad \text{其中 } i \neq j$$

因为 $(a,m)=1$，于是

$$x_i \equiv x_j(\bmod m)$$

这与 $\{x_0,x_1,\cdots,x_{\varphi(m)-1}\}$ 是模 m 的一个简化剩余系相矛盾，故定理证得。

定理 6-4　如果 x_1、x_2 分别跑遍模 m_1 和模 m_2 的简化剩余系，且 $(m_1,m_2)=1$，则

$$m_2 x_1 + m_1 x_2$$

跑遍模 $m_1 m_2$ 的简化剩余系。

证明：由定理 6-2，当 x_1、x_2 分别跑遍模 m_1 和模 m_2 的完全剩余系时，$m_2 x_1 + m_1 x_2$ 跑遍模 $m_1 m_2$ 的完全剩余系。

现在证明

$$(m_2 x_1 + m_1 x_2, m_1 m_2)=1$$

当且仅当

$$(x_1,m_1)=1,\quad (x_2,m_2)=1$$

如果

$$(x_1,m_1)=1,(x_2,m_2)=1$$

又因为 $(m_1,m_2)=1$，则

$$(m_1 x_2,m_2)=1,\quad (m_2 x_1,m_1)=1$$

于是

$$(m_1 x_2 + m_2 x_1,m_2)=1,\quad (m_2 x_1 + m_1 x_2,m_1)=1$$

故

$$(m_2 x_1 + m_1 x_2,m_1 m_2)=1$$

反过来，如果

$$(m_2 x_1 + m_1 x_2,m_1 m_2)=1$$

则

$$(m_2 x_1 + m_1 x_2, m_1) = 1, \quad (m_2 x_1 + m_1 x_2, m_2) = 1$$

于是

$$(m_2 x_1, m_1) = 1, \quad (m_1 x_2, m_2) = 1$$

又因为 $(m_1, m_2) = 1$,所以

$$(x_2, m_2) = 1, \quad (x_1, m_1) = 1$$

故

$$(x_2, m_2) = 1、(x_1, m_1) = 1 \Leftrightarrow (m_2 x_1 + m_1 x_2, m_1 m_2) = 1$$

可见当 x_1、x_2 分别跑遍模 m_1 和模 m_2 的简化剩余系时,$m_2 x_1 + m_1 x_2$ 跑遍模 $m_1 m_2$ 的简化剩余系。定理证得。

推论 6-1　如果 m_1、m_2 是两个正整数,且 $(m_1, m_2) = 1$,则 $\varphi(m_1 m_2) = \varphi(m_1)\varphi(m_2)$。

证明: 当 x_1、x_2 分别跑遍模 m_1 和模 m_2 的简化剩余系时,$m_2 x_1 + m_1 x_2$ 跑遍模 $m_1 m_2$ 的简化剩余系,即跑遍 $\varphi(m_1 m_2)$ 个整数。而 x_1 跑遍 $\varphi(m_1)$ 个整数,x_2 跑遍 $\varphi(m_2)$ 个整数,故 $m_2 x_1 + m_1 x_2$ 跑遍 $\varphi(m_1)\varphi(m_2)$ 个整数。

定理 6-5　设正整数 m 的标准分解式为

$$m = p_1^{k_1} p_2^{k_2} \cdots p_l^{k_l}$$

则

$$\varphi(m) = m\left(1 - \frac{1}{p_1}\right)\left(1 - \frac{1}{p_2}\right)\cdots\left(1 - \frac{1}{p_l}\right) \tag{6-1}$$

证明: 由上面的推论 6-1 有

$$\varphi(m) = \varphi(p_1^{k_1})\varphi(p_2^{k_2})\cdots\varphi(p_l^{k_l})$$

由于 p 是素数,则

$$\{0, 1, 2, \cdots, p^k - 1\}$$

中全部与 p^k 不互素的正整数为

$$\{0, p, 2p, \cdots, (p^{k-1} - 1)p\}$$

共有 p^{k-1} 个,于是

$$\varphi(p^k) = p^k - p^{k-1} = p^k\left(1 - \frac{1}{p}\right)$$

将上式代入 $\varphi(m)$ 中定理便证得。

下面引入欧拉定理,在这之前,证明一个重要结论。

定理 6-6　模 m 剩余类环中与 m 互素的剩余类构成乘法群。

证明: 设模 m 剩余类环中与 m 互素的剩余类集合为 S,S 含有 $\varphi(m)$ 元素:

$$S = \{\overline{r_1}, \overline{r_2}, \cdots, \overline{r_{\varphi(m)}}\}$$

其中 $(r_i, m) = 1, 1 \leqslant i \leqslant \varphi(m)$。

如果 $(r_i, m) = 1, (r_j, m) = 1$,则

$$(r_i r_j, m) = 1$$

于是如果 $\overline{r_i} \in S, \overline{r_j} \in S$,则

$$\overline{r_i}\,\overline{r_j} = \overline{r_i r_j} \in S$$

乘法封闭。

由于 S 是剩余类环的子集,则结合律显然满足。

如果
$$rr_i \equiv rr_j (\mathrm{mod}\ m), \quad (r, m) = 1$$
则
$$r_i \equiv r_j (\mathrm{mod}\ m)$$
于是如果 $\overline{r_i} \in S, \overline{r_j} \in S, \overline{r} \in S$, 且
$$\overline{r}\ \overline{r_i} = \overline{r}\ \overline{r_j}$$
则
$$\overline{r_i} = \overline{r_j}$$
所以 S 中消去律满足。

故 S 是乘法群。

由定理 6-6 立即有下面的推论。

推论 6-2　设 m 是正整数,如果 $(r, m) = 1$,则存在 s 使
$$sr \equiv 1\ (\mathrm{mod}\ m)$$
推论 6-2 换句话说,就是如果 r、m 互素,则 r 在模 m 下必存在逆元 s。

该推论除是定理 6-6 的推论外,还可以直接证明如下。

因为 $(r, m) = 1$,则存在 s、t 使
$$sr + tm = 1$$
故
$$sr \equiv 1\ (\mathrm{mod}\ m)$$
逆元 s 的求法要利用欧几里得除法。

例 6-7　求 9 在模 32 下的逆。

解　$(32, 9) = 1$,所求逆存在。做欧几里得除法,有
$$32 = 3 \times 9 + 5$$
$$9 = 5 + 4$$
$$5 = 4 + 1$$
将上面的各式向下代入有
$$5 = 32 - 3 \times 9$$
$$4 = 9 - 5 = 4 \times 9 - 32$$
$$1 = 5 - 4 = 2 \times 32 - 7 \times 9$$
对式 $1 = 2 \times 32 - 7 \times 9$ 进行模 32 运算,得
$$-7 \times 9 \equiv 25 \times 9 \equiv 1\ (\mathrm{mod}\ 32)$$
故 9 在模 32 下的逆为 25。

由有限乘法群的性质,对于任意 $\overline{r} \in S$,有
$$\overline{r}^{\varphi(m)} = \overline{1}$$
于是有下面的推论。

推论 6-3(欧拉定理)　设 m 是正整数,如果 $(r, m) = 1$,则
$$r^{\varphi(m)} \equiv 1 (\mathrm{mod}\ m) \tag{6-2}$$
从群的角度,很容易得到这个结论。下面用数论的知识给出欧拉定理的直接证明。

证明:设

$$r_1, r_2, \cdots, r_{\varphi(m)}$$

是模 m 简化剩余系，$(r,m)=1$，则由定理 6-3，

$$rr_1, rr_2, \cdots, rr_{\varphi(m)}$$

也是模 m 简化剩余系，于是

$$(rr_1)(rr_2)\cdots(rr_{\varphi(m)}) \equiv r_1 r_2 \cdots r_{\varphi(m)} \pmod{m}$$

即

$$r^{\varphi(m)}(r_1 r_2 \cdots r_{\varphi(m)}) \equiv r_1 r_2 \cdots r_{\varphi(m)} \pmod{m}$$

由于

$$(r_1, m) = (r_2, m) = \cdots = (r_{\varphi(m)}, m) = 1$$

所以

$$((r_1 r_2 \cdots r_{\varphi(m)}), m) = 1$$

故

$$r^{\varphi(m)} \equiv 1 \pmod{m}$$

欧拉定理是有趣而且在密码技术中具有重要应用的结论。

如果 p 是素数，则模 p 剩余类集合是一个有限域 $\mathrm{GF}(p)$，对于任意 $\bar{r} \in \mathrm{GF}(p)$，都有

$$\bar{r}^p = \bar{r}$$

于是有

$$r^p \equiv r \pmod{p}$$

推论 6-4（费马定理）　如果 p 是素数，则

$$r^p \equiv r \pmod{p} \tag{6-3}$$

费马定理的直接证明如下。

证明：p 是素数，$\varphi(p) = p-1$。

如果 $(r,p)=1$，由欧拉定理有

$$r^{p-1} \equiv 1 \pmod{p}$$

故

$$r^p \equiv r \pmod{p}$$

如果 $(r,p) \neq 1$，由于 p 是素数，则 $p \mid r$，于是

$$r^p \equiv r \equiv 0 \pmod{p}$$

综合之，总有

$$r^p \equiv r \pmod{p}$$

6.2　同余式概念与一次同余式

定义 6-4　设 $f(x)$ 为多项式：

$$f(x) = a_n x^n + a_{n-1} x^{n-1} + \cdots + a_1 x + a_0$$

其中 n 是正整数，$a_i (0 \leq i \leq n)$ 是整数，则

$$f(x) \equiv 0 \pmod{m}$$

称为模 m 的同余式。如果 $a_n \not\equiv 0 \pmod{m}$，则 n 称为同余式的**次数**。如果 x_0 满足

$$f(x_0) \equiv 0 \pmod{m}$$

则 $x \equiv x_0 \pmod{m}$ 称为同余式的**解**。不同的解指互不同余的解。

求同余式解的最直接方法是把 $0 、 1 、\cdots 、 m-1$ 代入同余式中穷举试探。但是当 m 比较大时，计算量可能变得很大。

例 6-8 用穷举试探法求同余式的解。

(1) $x^5 + 2x^4 + x^3 + 2x^2 - 2x + 3 \equiv 0 \pmod{7}$。

解：$x \equiv 1, 5, 6 \pmod{7}$。

(2) $x^4 - 1 \equiv 0 \pmod{16}$。

解：$x \equiv 1, 3, 5, 7, 9, 11, 13, 15 \pmod{16}$。

(3) $x^2 + 3 \equiv 0 \pmod{5}$。

解：无解。

引理 6-1 同余式

$$ac \equiv bc \pmod{m}$$

等价于

$$a \equiv b \left(\mathrm{mod} \, \frac{m}{(c, m)} \right)$$

特别如果 $(c, m) = 1$，同余式

$$ac \equiv bc \pmod{m}$$

等价于

$$a \equiv b \pmod{m}$$

证明：证明

$$m \mid ac - bc \Leftrightarrow \frac{m}{(c, m)} \mid a - b$$

即可。

$$m \mid ac - bc = c(a - b) \Rightarrow \frac{m}{(c, m)} \mid \frac{c}{(c, m)}(a - b)$$

由于 $\left(\frac{m}{(c, m)}, \frac{c}{(c, m)} \right) = 1$，则

$$\frac{m}{(c, m)} \mid a - b$$

反之，

$$\frac{m}{(c, m)} \mid a - b \Rightarrow m \mid (c, m)(a - b) \mid \frac{c}{(c, m)}(c, m)(a - b) = ac - bc$$

实际上该引理中 $(c, m) = 1$ 的特殊情形以前作为同余的性质已经给出过。

定理 6-7 一次同余式

$$ax \equiv b \pmod{m}, \quad a \not\equiv 0 \pmod{m}$$

有解的充分必要条件为

$$(a, m) \mid b$$

证明：$a' = \frac{a}{(a, m)}, m' = \frac{m}{(a, m)}$，于是 $(a', m') = 1$。

考察同余式

$$a'x \equiv 1 \pmod{m'}$$

由于 $(a', m') = 1$，则 a' 模 m' 的逆存在，所以这个同余式有解，解为

$$x \equiv a'^{-1} \pmod{m'}$$

其中 a'^{-1} 是 a' 在模 m' 乘法群中的逆元。于是当 $(a,m) \mid b$ 时,同余式

$$a'x \equiv \frac{b}{(a,m)} \pmod{m'}$$

的解为

$$x \equiv a'^{-1} \frac{b}{(a,m)} \pmod{m'}$$

由引理 6-1 同余式 $a'x \equiv \dfrac{b}{(a,m)} \pmod{m'}$ 与 $ax \equiv b \pmod{m}$ 是等价的,故 $ax \equiv b \pmod{m}$

的解也为

$$x \equiv a'^{-1} \frac{b}{(a,m)} \pmod{m'}$$

充分条件证得。下面证必要条件。

同余式 $ax \equiv b \pmod{m}$ 有解,则存在 $x \equiv x_0 \pmod{m}$ 和整数 k 使

$$ax_0 = b + km$$

即

$$ax_0 - km = b$$

于是由 $(a,m) \mid a$,$(a,m) \mid m$,得 $(a,m) \mid b$。

定理证毕。

再来讨论 $ax \equiv b \pmod{m}$ 的解。由上面的证明过程得它的解为:

$$x \equiv a'^{-1} \frac{b}{(a,m)} \pmod{m'}$$

设 $x_0 = a'^{-1} \dfrac{b}{(a,m)}$,则上式可表示为

$$x \equiv a'^{-1} \frac{b}{(a,m)} \pmod{m'} = x_0 + km', \quad k = 0, \pm 1, \pm 2, \cdots$$

此式对于模 m 可以写成:

$$x \equiv x_0 + km' \pmod{m}, \quad k = 0, 1, \cdots, (a,m) - 1$$

这 (a,m) 个数对于模 m 两两不同余,故同余式 $ax \equiv b \pmod{m}$ 有 (a,m) 个解。

例 6-9　求 $980x \equiv 1500 \pmod{1600}$ 的解。

解　此题中,$a = 980$,$m = 1600$,$b = 1500$,$(a,m) = 20$,$a' = 49$,$m' = 80$。

(1) 首先求 a'^{-1}。

由于 $(a',m') = 1$,所以存在 r、s,使 $a'r + m's = 1$,现在使用欧几里得除法求 r、s。对于 $a' = 49$、$m' = 80$,有

$$80 = 49 + 31$$
$$49 = 31 + 18$$
$$31 = 18 + 13$$
$$18 = 13 + 5$$
$$13 = 2 \times 5 + 3$$
$$5 = 3 + 2$$
$$3 = 2 + 1$$

于是有

$$31 = 80 - 49$$
$$18 = 49 - 31 = 2 \times 49 - 80$$
$$13 = 31 - 18 = 2 \times 80 - 3 \times 49$$
$$5 = 18 - 13 = 5 \times 49 - 3 \times 80$$
$$3 = 13 - 2 \times 5 = 80 \times 8 - 13 \times 49$$
$$2 = 5 - 3 = 18 \times 49 - 11 \times 80$$
$$1 = 3 - 2 = 19 \times 80 - 31 \times 49$$

所以 $19 \times 80 - 31 \times 49 = 1$，则 $-31 \times 49 \equiv 49 \times 49 \equiv 1 \pmod{80}$，故 $a'^{-1} = 49$。

（2）求 x_0。

$$x_0 \equiv a'^{-1} \frac{b}{(a,m)} \pmod{m'} \equiv 49 \times \frac{1500}{20} \equiv 75 \pmod{80}$$

（3）同余式的解共有 20 个，它们为

$$x \equiv 75 + 80k \pmod{1600}, \quad k = 0、1、\cdots、19$$

例 6-10　求同余方程 $9x \equiv 12 \pmod{15}$ 的解。

解：因为 $(9,15) = 3$，所以 $a' = 3$、$m' = 5$、$b' = 4$。

首先考虑同余方程 $3x \equiv 4 \pmod 5$，因为 3 模 5 的逆元为 2，所以该方程的解为 $x_0 = 2$。

所以

$$x \equiv 2 \times 4 + 5k \pmod 5, \quad 其中 k = 0、1、2$$

是同余方程 $9x \equiv 12 \pmod{15}$ 的全部解。

6.3　中国剩余定理

中国剩余定理又称为孙子定理，出现在我国南北朝时期算术著作《孙子算经》中，有"物不知其数"这样一个问题："今有物不知其数，三三数之剩二，五五数之剩三，七七数之剩二，问物几何？"它提出并解决了一次同余式组问题，是我国古代数学的杰出成就。

用现代数学语言可描述如下。

例 6-11　一次同余式组：

$$x \equiv 2 \pmod 3$$
$$x \equiv 3 \pmod 5$$
$$x \equiv 2 \pmod 7$$

一般地，一次同余式组可表示为

$$x \equiv b_1 \pmod{m_1}$$
$$x \equiv b_2 \pmod{m_2}$$
$$\cdots$$
$$x \equiv b_k \pmod{m_k}$$

定理 6-8（中国剩余定理）　设 m_1、m_2、$\cdots$、m_k 两两互素，则上面的同余式组有唯一解：

$$x \equiv M_1^{-1} M_1 b_1 + M_2^{-1} M_2 b_2 + \cdots + M_k^{-1} M_k b_k \pmod m$$

其中 $m = m_1 m_2 \cdots m_k$，$M_i = \dfrac{m}{m_i}$，$M_i^{-1} M_i \equiv 1 \pmod{m_i}$，$i = 1、2、\cdots、k$。

证明：分三步证明。

(1) 由于 m_1、m_2、$\cdots$、m_k 两两互素，则 $M_i = \dfrac{m}{m_i}$ 与 m_i 互素，所以存在 M_i 模 m_i 的逆元，即存在 M_i^{-1} 使

$$M_i^{-1} M_i \equiv 1 \,(\bmod\ m_i)。$$

(2) 将

$$x \equiv M_1^{-1} M_1 b_1 + M_2^{-1} M_2 b_2 + \cdots + M_k^{-1} M_k b_k (\bmod\ m)$$

代入同余式组各同余式中得：

$$M_1^{-1} M_1 b_1 + M_2^{-1} M_2 b_2 + \cdots + M_k^{-1} M_k b_k \equiv M_i' M_i b_i \equiv b_i (\bmod\ m_i), \quad i = 1、2、\cdots、k$$

于是

$$x \equiv M_1^{-1} M_1 b_1 + M_2^{-1} M_2 b_2 + \cdots + M_k^{-1} M_k b_k (\bmod\ m)$$

是同余式组的解。

(3) 证明解的唯一性。

设 x_1、x_2 是两个同余式组的解，则

$$x_1 \equiv x_2 (\bmod\ m_i), \quad i = 1、2、\cdots、k$$

因为 m_i 两两不同余，所以

$$x_1 \equiv x_2 (\bmod\ m)$$

故解唯一。

例 6-12　现在解例 6-11 中的同余式组。

解：重写例 6-11 同余式组如下：

$$x \equiv 2 \,(\bmod\ 3)$$
$$x \equiv 3 \,(\bmod\ 5)$$
$$x \equiv 2 \,(\bmod\ 7)$$

按中国剩余定理求解如下：

$$m_1 = 3, m_2 = 5, m_3 = 7, m = 3 \times 5 \times 7 = 105$$
$$M_1 = 5 \times 7 = 35, M_1^{-1} \equiv 2 \bmod 3$$
$$M_2 = 3 \times 7 = 21, M_2^{-1} \equiv 1 \bmod 5$$
$$M_3 = 3 \times 5 = 15, M_3^{-1} \equiv 1 \bmod 7$$
$$x \equiv M_1^{-1} M_1 b_1 + M_2^{-1} M_2 b_2 + M_3^{-1} M_3 b_3$$
$$\equiv 2 \times 35 \times 2 + 1 \times 21 \times 3 + 1 \times 15 \times 2 \equiv 23 \,(\bmod\ 105)$$

再看一例。

例 6-13　韩信点兵：有兵一队，若成五行纵队，则末行一人，成六行纵队，则末行五人，成七行纵队，则末行四人，成十一行纵队，则末行十人，求兵数。

解：列出同余式组：

$$x \equiv 1 \,(\bmod\ 5)$$
$$x \equiv 5 \,(\bmod\ 6)$$
$$x \equiv 4 \,(\bmod\ 7)$$
$$x \equiv 10 \,(\bmod\ 11)$$

按中国剩余定理求解如下：

$$m_1 = 5, m_2 = 6, m_3 = 7, m_1 = 11, m = 5 \times 6 \times 7 \times 11 = 2310$$

$$M_1 = 6 \times 7 \times 11 = 462, M_1^{-1} \equiv 3 \bmod 5$$

$$M_2 = 5 \times 7 \times 11 = 385, M_2^{-1} \equiv 1 \bmod 6$$

$$M_3 = 5 \times 6 \times 11 = 330, M_3^{-1} \equiv 1 \bmod 7$$

$$M_4 = 5 \times 6 \times 7 = 210, M_4^{-1} \equiv 1 \bmod 11$$

$$x \equiv 3 \times 462 + 385 \times 5 + 330 \times 4 + 210 \times 10 \equiv 6731$$

$$\equiv 2111 \pmod{2310}$$

现在讨论一般同余式组的情形,即 m_1、m_2、$\cdots$、m_k 两两不互素的情形,例如下面的例子。

例 6-14 m_1、m_2、m_3 两两不互素的同余式组:

$$x \equiv 3 \pmod{8}$$

$$x \equiv 11 \pmod{20}$$

$$x \equiv 1 \pmod{15}$$

为了利用中国剩余定理解这类同余式组,要用到下面的结论。

定理 6-9 当 m_1、m_2、$\cdots$、m_k 两两互素时,同余式

$$a \equiv b \pmod{m_1 m_2 \cdots m_k}$$

等价于同余式组

$$a \equiv b \pmod{m_1}$$

$$a \equiv b \pmod{m_2}$$

$$\cdots$$

$$a \equiv b \pmod{m_k}$$

证明:由 $a \equiv b \pmod{m_1 m_2 \cdots m_k}$,有

$$m_1 m_2 \cdots m_k \mid (a - b)$$

于是有

$$m_1 \mid (a - b)$$

$$m_2 \mid (a - b)$$

$$\cdots$$

$$m_k \mid (a - b)$$

所以有

$$a \equiv b \pmod{m_1}$$

$$a \equiv b \pmod{m_2}$$

$$\cdots$$

$$a \equiv b \pmod{m_k}$$

反过来,如果

$$a \equiv b \pmod{m_1}$$

$$a \equiv b \pmod{m_2}$$

$$\cdots$$

$$a \equiv b \pmod{m_k}$$

即

$$m_1 \mid (a - b)$$
$$m_2 \mid (a - b)$$
$$\cdots$$
$$m_k \mid (a - b)$$

因为 m_1、m_2、$\cdots$、m_k 两两互素,则

$$m_1 m_2 \cdots m_k \mid (a - b)$$

故有

$$a \equiv b \pmod{m_1 m_2 \cdots m_k}$$

利用定理 6-9 可以把 m_1、m_2、$\cdots$、m_k 两两不互素的同余式组化成 m_1、m_2、$\cdots$、m_k 两两互素的同余式组,然后利用中国剩余定理求解。

例 6-15 解例 6-14 中的同余式组:

$$x \equiv 3 \pmod 8$$
$$x \equiv 11 \pmod{20}$$
$$x \equiv 1 \pmod{15}$$

解:化为下列同余式组:

$$x \equiv 3 \pmod 8$$
$$x \equiv 11 \pmod 4 \equiv 3 \pmod 4$$
$$x \equiv 11 \pmod 5 \equiv 1 \pmod 5$$
$$x \equiv 1 \pmod 3$$
$$x \equiv 1 \pmod 5$$

满足第一个同余式必然满足第二个同余式,去掉第二个同余式。现在得到与原同余式组等价并且能利用中国剩余定理求解的同余式组:

$$x \equiv 3 \pmod 8$$
$$x \equiv 1 \pmod 3$$
$$x \equiv 1 \pmod 5$$

最后解出同余式组的解:

$$x \equiv 91 \pmod{120}$$

例 6-16 设 a 是与 2520 互素的整数,证明 $a^{12} \equiv 1 \pmod{2520}$。

证明:因为 $2520 = 2^3 \times 3^2 \times 5 \times 7$,又因为 $(a, 2520) = 1$,所以 $(a, 2) = (a, 3) = (a, 5) = (a, 7) = 1$。

又因为欧拉定理,得

$$a^4 \equiv 1 \pmod 8$$

所以有

$$a^{12} \equiv 1 \pmod 8$$

同理可得

$$a^{12} \equiv 1 \pmod 9, \quad a^{12} \equiv 1 \pmod 5, \quad a^{12} \equiv 1 \pmod 7$$

又因为 $[8, 9, 5, 7] = 2520$,所以 $a^{12} \equiv 1 \pmod{2520}$ 即证。

定理 6-10 在定理 6-8 的条件下,如果 b_1、b_2、$\cdots$、b_k 分别跑遍模 m_1、m_2、$\cdots$、m_k 的完全剩余系,则

$$x \equiv M_1^{-1} M_1 b_1 + M_2^{-1} M_2 b_2 + \cdots + M_k^{-1} M_k b_k \pmod m$$

跑遍模 m 的完全剩余系。

证明：令

$$x_0 = M_1^{-1}M_1b_1 + M_2^{-1}M_2b_2 + \cdots + M_k^{-1}M_kb_k$$

显然当 b_1、b_2、$\cdots$、b_k 分别跑遍模 m_1、m_2、$\cdots$、m_k 的完全剩余系时，x_0 跑遍 $m = m_1m_1\cdots m_k$ 个数，现在证明 x_0 两两不同余。假设

$$M_1^{-1}M_1b_1 + M_2^{-1}M_2b_2 + \cdots + M_k^{-1}M_kb_k \equiv M_1^{-1}M_1b_1' + M_2^{-1}M_2b_2' + \cdots + M_k^{-1}M_kb_k' (\bmod\ m)$$

则

$$M_i^{-1}M_ib_i \equiv M_i^{-1}M_ib_i' (\bmod\ m_i), \quad i = 1、2、\cdots、k$$

于是

$$b_i \equiv b_i' (\bmod\ m_i), \quad i = 1、2、\cdots、k$$

由于 b_i、b_i' 属于模 m_i 的同一剩余，所以

$$b_i = b_i', \quad i = 1、2、\cdots、k$$

故 x_0 两两不同余。定理证毕。

6.4 素数模同余式

本节讨论素数模的高次同余式，这是一种比较简单的情形，而非素数模同余式的深入讨论超出了本书的范围，请有兴趣的读者参考其他书籍。

素数模高次同余式可表示为：

$$f(x) = a_nx^n + a_{n-1}x^{n-1} + \cdots + a_1x + a_0 \equiv 0 \ (\bmod\ p) \tag{6-4}$$

其中 p 是素数，$a_n \neq 0 \ (\bmod\ p)$。

为了解高次同余式，一个有效的途径是把同余式的次数降下来。对于素数模的高次同余式，有下面的定理。

定理 6-11 素数模同余式(6-4)与一个次数不超过 $p-1$ 的素数模同余式等价。

证明：由多项式带余除法有：

$$f(x) = (x^p - x)q(x) + r(x), \quad \deg(r(x)) \leqslant p-1$$

由费马定理有：

$$x^p - x \equiv 0 \ (\bmod\ p)$$

故

$$f(x) \equiv r(x) \ (\bmod\ p)$$

即同余式

$$f(x) \equiv 0 \ (\bmod\ p)$$

与同余式

$$r(x) \equiv 0 \ (\bmod\ p)$$

等价。

例 6-17 求解同余式：

$$5x^{15} + x^{14} + x^{10} + 8x^5 + 7x^2 + x + 11 \equiv 0 \ (\bmod\ 3)$$

解：做带余除法：

$$5x^{15} + x^{14} + x^{10} + 8x^5 + 7x^2 + x + 11$$
$$= (x^3 - x)(5x^{12} + x^{11} + 5x^{10} + x^9 + 5x^8 + 2x^7 + 5x^6$$

$$+2x^5+5x^4+2x^3+13x^2+2x+13)+9x^2+14x+11$$

故原同余式与

$$9x^2+14x+11\equiv 0\ (\text{mod }3)$$

等价。将系数对 3 求模得：

$$2x+2\equiv 0\ (\text{mod }3)$$

即

$$x+1\equiv 0\ (\text{mod }3)$$

解出：

$$x\equiv 2\ (\text{mod }3)$$

应该指出的是,在解该题时,在做带余除法前最好将系数对 3 求模,这样做带余除法时要简单一些。

如果已知素数模同余式的一些解,则可以利用下面的结论对同余式进行分解。

定理 6-12 设

$$x\equiv\beta_i(\text{mod }p),\quad i=1,2,\cdots,k,k\leqslant n$$

是素数模同余式(6-4)的 k 个不同解,则

$$f(x)\equiv(x-\beta_1)(x-\beta_2)\cdots(x-\beta_k)f_k(x)\ (\text{mod }p)$$

其中 $f_k(x)$ 的次数 $\deg(f_k(x))=n-k$,首项系数为 a_n。

证明: 由带余除法得

$$f(x)=(x-\beta_1)f_1(x)+r$$

因为

$$f(\beta_1)\equiv 0\ (\text{mod }p)$$

则

$$r\equiv 0\ (\text{mod }p)$$

所以

$$f(x)\equiv(x-\beta_1)f_1(x)\ (\text{mod }p)$$

其中 $f_1(x)$ 的次数 $\deg(f_1(x))=n-1$,首项系数为 a_n。

现在证明 $x\equiv\beta_i(\text{mod }p)\ (i=2,\cdots,k)$ 是

$$f_1(x)\equiv 0\ (\text{mod }p)$$

的解。

当 $x\equiv\beta_i(\text{mod }p),i=2,\cdots,k$ 时,有

$$f(a_i)\equiv(\beta_i-\beta_1)f_1(\beta_i)\equiv 0\ (\text{mod }p)$$

由于 β_1、β_2、$\cdots$、β_k 是不同的解,则 $\beta_i-\beta_1\not\equiv 0(\text{mod }p)$,又因为 p 是素数,故

$$f_1(\beta_i)\equiv 0\ (\text{mod }p),\quad i=2,\cdots,k$$

类似继续可证明定理。

例 6-18 同余式

$$x^5+4x^2+2\equiv 0\ (\text{mod }7)$$

直接验证有解

$$x_1\equiv 1\ (\text{mod }7)$$
$$x_2\equiv 5\ (\text{mod }7)$$

则

$$x^5 + 4x^2 + 2 \equiv (x-1)(x-5)(x^3 + 6x^2 + 3x + 6) \pmod{7}$$

由费马定理,对于任意整数 r 都有

$$r^p \equiv r \pmod{p}$$

这表明

$$x \equiv 1, 2, \cdots, p-1 \pmod{p}$$

是同余式

$$x^{p-1} \equiv 1 \pmod{p}$$

的解,于是有如下推论。

推论 6-5 p 是素数,则

$$(x^{p-1} - 1) \equiv (x-1)(x-2) \cdots (x-(p-1)) \pmod{p} \tag{6-5}$$

将

$$x \equiv 0 \pmod{p}$$

代入(6-2)式得到:

$$(p-1)! + 1 \equiv 0 \pmod{p}$$

该式在数论中称为 Wilson 定理,它表明了素数的一个特性,可以用来检验素数。

下面讨论素数模同余式解的个数。

定理 6-13 素数模同余式(6-4)解的个数不超过它的次数。

证明: 用反证法。不妨设同余式(6-4)有 $n+1$ 个不同解,即

$$x \equiv \beta_i \pmod{p}, \quad i = 1, 2, \cdots, n, n+1$$

利用前 n 个解分解 $f(x)$ 得

$$f(x) \equiv (x - \beta_1)(x - \beta_2) \cdots (x - \beta_n) f_n(x) \pmod{p}$$

而

$$f_n(x) = a_n$$

所以

$$f(x) \equiv a_n(x - \beta_1)(x - \beta_2) \cdots (x - \beta_n) \pmod{p}$$

由于

$$f(\beta_{n+1}) \equiv 0 \pmod{p}$$

于是

$$a_n(\beta_{n+1} - \beta_1)(\beta_{n+1} - \beta_2) \cdots (\beta_{n+1} - \beta_n) \pmod{p} \equiv 0 \pmod{p}$$

因为 $\beta_1 、 \beta_2 、 \cdots 、 \beta_n 、 \beta_{n+1}$ 是不同的解,所以上式是不可能的,与假设矛盾,定理证得。

对于 n 次同余式,自然会想到是否正好有 n 个解,下面的定理回答了这个问题。

定理 6-14 如果 $n \leqslant p$,则下列首一素数模同余式

$$f(x) = x^n + a_{n-1}x^{n-1} + \cdots + a_1 x + a_0 \equiv 0 \pmod{p}$$

有 n 个解的充分必要条件是在模 p 下 $f(x)$ 整除 $x^p - x$。

证明: $x^p - x$ 可分解为

$$(x^p - x) \equiv x(x-1)(x-2) \cdots (x-(p-1)) \pmod{p}$$

必要条件证明:

假设同余式 $f(x) \equiv 0 \pmod{p}$ 有 n 个解且这 n 个解为

$$x \equiv \beta_i \pmod{p}, \quad i = 1, 2, \cdots, n$$

则
$$f(x) \equiv (x-\beta_1)(x-\beta_2)\cdots(x-\beta_n)(\bmod\ p)$$
显然有
$$f(x)\mid(x^p-x)$$

充分条件证明：

如果
$$f(x)\mid(x^p-x)$$
而 $f(x)$ 是 n 次同余式,则它可分解为 (x^p-x) 中的 n 个因子,假设
$$f(x) \equiv (x-\beta_1)(x-\beta_2)\cdots(x-\beta_n)\ (\bmod\ p)$$
且 β_1、β_2、$\cdots$、β_n 模 p 两两不同余,则同余式 $f(x)\equiv 0$ 显然有 n 个解。

例 6-19 判断同余式
$$2x^3+5x^2+6x+1 \equiv 0\ (\bmod\ 7)$$
是否有 3 个解。

解：先将同余式化为首一同余式。

求出首项系数的逆：
$$2^{-1}=4\ (\bmod\ 7)$$
于是
$$2x^3+5x^2+6x+1 \equiv 0\ (\bmod\ 7)$$
等价于
$$x^3-x^2+3x+4 \equiv 0\ (\bmod\ 7)$$
做带余除法：
$$x^7-x \equiv (x^3-x^2+3x+4)(x^4+x^3-2x^2-2x)+(7x^2+7x)$$
$$\equiv (x^3-x^2+3x+4)(x^4+x^3-2x^2-2x)(\bmod\ 7)$$
可见
$$(x^3-x^2+3x+4)\mid(x^7-x)$$
因此原同余式有 3 个解。

最后以一个解同余式的例子结束本节。

例 6-20 解同余式
$$3x^{14}+4x^{13}+2x^{11}+x^9+x^6+x^3+12x^2+x \equiv 0\ (\bmod\ 5)$$

解：做带余除法：
$$3x^{14}+4x^{13}+2x^{11}+x^9+x^6+x^3+12x^2+x$$
$$\equiv (x^5-x)(3x^9+4x^8+2x^6+3x^5+5x^4+2x^2+4x+5)+(3x^3+x^2+x)(\bmod\ 5)$$
则原同余式与
$$3x^3+x^2+x \equiv 0\ (\bmod\ 5)$$
等价。

将 $x\equiv 0,1,2,3,4\ (\bmod\ 5)$ 直接代入上式验算得原同余式的解为：
$$x \equiv 0,1,2\ (\bmod\ 5)$$

还可以利用费马定理来解上述同余式。由费马定理,总有
$$x^5-x \equiv 0\ (\bmod\ 5)$$

即
$$x^5 \equiv x \pmod 5$$

于是

$$3x^{14} + 4x^{13} + 2x^{11} + x^9 + x^6 + x^3 + 12x^2 + x$$
$$\equiv 3x^4 x^{5\times2} + 4x^3 x^{5\times2} + 2x x^{5\times2} + x^4 x^5 + x x^5 + x^3 + 12x^2 + x$$
$$\equiv 3x^4 x^2 + 4x^3 x^2 + 2x x^2 + x^4 x + x x + x^3 + 12x^2 + x$$
$$\equiv 3x^2 + 4x + 2x^3 + x + x^2 + x^3 + 12x^2 + x$$
$$\equiv 3x^3 + 16x^2 + 6x$$
$$\equiv 3x^3 + x^2 + x$$
$$\equiv 0 \pmod 5$$

这样也得到了与前一种方法得到的同样的等价同余式。

利用费马定理有时候是更有效的方法，可以根据具体情况选择哪种解法。

习题 6

题 6-1　(1) 写出模 9 的一个完全剩余系，它的每个数是奇数。

(2) 写出模 9 的一个完全剩余系，它的每个数是偶数。

(3) 对模 10 能否按(1)、(2)要求写出？

题 6-2　证明：当 $m>2$ 时，0^2、1^2、$\cdots$、$(m-1)^2$ 一定不是模 m 的完全剩余系。

题 6-3　证明：如果 c_1、c_2、$\cdots$、$c_{\varphi(m)}$ 是模 m 的简化剩余系，那么
$$c_1 + c_2 + \cdots + c_{\varphi(m)} \equiv 0 \pmod m$$

题 6-4　证明：如果 pq 是两个不同的素数，则
$$p^{q-1} + q^{p-1} \equiv 1 \pmod{pq}$$

题 6-5　证明：如果 $(m,n)=1$，则
$$m^{\varphi(n)} + n^{\varphi(m)} \equiv 1 \pmod{mn}$$

题 6-6　通过直接计算解下列同余式：

(1) $x^5 - 3x^2 + 2 \equiv 0 \pmod 7$。

(2) $3x^4 - x^3 + 2x^2 - 26x + 1 \equiv 0 \pmod{11}$。

(3) $3x^2 - 12x - 19 \equiv 0 \pmod{28}$。

(4) $3x^2 + 18x - 25 \equiv 0 \pmod{28}$。

(5) $x^2 + 8x - 13 \equiv 0 \pmod{28}$。

(6) $4x^2 + 21x - 32 \equiv 0 \pmod{141}$。

(7) $x^{26} + 7x^{21} - 5x^{17} + 2x^{11} + 8x^5 - 3x^2 - 7 \equiv 0 \pmod 5$。

(8) $5x^{18} - 13x^{12} + 9x^7 + 18x^4 - 3x + 8 \equiv 0 \pmod 7$。

题 6-7　求解下列一次同余式：

(1) $3x \equiv 2 \pmod 7$。

(2) $9x \equiv 12 \pmod{15}$。

(3) $7x \equiv 1 \pmod{31}$。

(4) $20x \equiv 4 \pmod{30}$。

(5) $17x \equiv 14 \pmod{21}$。

(6) $64x \equiv 83 \pmod{105}$。

(7) $987x \equiv 610 \pmod{1597}$。

(8) $57x \equiv 87 \pmod{105}$。

(9) $49x \equiv 5000 \pmod{999}$。

(10) $128x \equiv 833 \pmod{1001}$。

题 6-8 求解下列一次同余式:

(1) $265x \equiv 179 \pmod{337}$。

(2) $1215x \equiv 560 \pmod{2755}$。

(3) $1296x \equiv 1105 \pmod{2413}$。

题 6-9 求解下列同余式组:

(1) $x \equiv 1 \pmod 4$

$x \equiv 2 \pmod 3$

$x \equiv 3 \pmod 5$

(2) $x \equiv 4 \pmod{11}$

$x \equiv 3 \pmod{17}$

(3) $x \equiv 2 \pmod 5$

$x \equiv 1 \pmod 6$

$x \equiv 3 \pmod 7$

$x \equiv 0 \pmod{11}$

(4) $3x \equiv 1 \pmod{11}$

$5x \equiv 7 \pmod{13}$

(5) $8x \equiv 6 \pmod{10}$

$3x \equiv 10 \pmod{17}$

(6) $x \equiv 7 \pmod{10}$

$x \equiv 3 \pmod{12}$

$x \equiv 12 \pmod{15}$

(7) $x \equiv 6 \pmod{35}$

$x \equiv 11 \pmod{55}$

$x \equiv 2 \pmod{33}$

题 6-10 设 p 为素数,k 为正整数。证明同余式 $x^2 \equiv 1 \pmod{p^k}$ 正好有两个不同余的解:

$$x \equiv \pm 1 \pmod{p^k}$$

题 6-11 求 11 的倍数,使得该数被 2、3、5、7 除的余数都为 1。

题 6-12 证明:设 m_1、m_2、$\cdots$、m_k 两两互素,则同余式组

$$x \equiv b_1 \pmod{m_1}$$

$$x \equiv b_2 \pmod{m_2}$$

$$\cdots$$

$$x \equiv b_k \pmod{m_k}$$

的解为：

$$x \equiv M_1^{\varphi(m_1)} b_1 + M_2^{\varphi(m_2)} b_2 + \cdots + M_k^{\varphi(m_k)} b_k \pmod{m}$$

其中 $m = m_1 m_1 \cdots m_k, M_i = \dfrac{m}{m_i}, M_i^{-1} M_i \equiv 1 \pmod{m_i}, i = 1, 2, \cdots, k$。

题 6-13　化下列同余式为同余式组求解：

(1) $23x \equiv 1 \pmod{140}$。

(2) $17x \equiv 229 \pmod{1540}$。

题 6-14　求所有被 3、4、5 除后余数分别为 1、2、3 的全体整数。

题 6-15　有一个人每工作 8 天后休息两天。有一次他在星期 6 和星期天休息，问最少要几周后他可以在星期天休息？

题 6-16　设 k 是正整数，a_1、a_2、$\cdots$、a_k 两两互素。证明：一定存在 k 个相邻整数，使得第 j 个数被 a_j 整除 $(1 \leqslant j \leqslant k)$。

题 6-17　设 $(a, b) = 1, c \neq 0$。证明：一定存在整数使得

$$(a + bn, c) = 1$$

题 6-18　设 m_1、m_2、$\cdots$、m_k 两两互素，则同余式组

$$a_j x \equiv b_j \pmod{m_j}, \quad 1 \leqslant j \leqslant k$$

有解的充分必要条件是每一个同余式

$$a_j x \equiv b_j \pmod{m_j}$$

都有解，即 $(a_j, m_j) \mid b_j (1 \leqslant j \leqslant k)$。请讨论 m_1、m_2、$\cdots$、m_k 两两不互素的情形。

题 6-19　证明：同余式组

$$x \equiv b_j \pmod{m_j}, \quad j = 1, 2$$

有解的充分必要条件是

$$(m_1, m_2) \mid (b_1 - b_2)$$

题 6-20　求解同余式：

(1) $3x^{14} + 4x^{13} + 2x^{11} + x^9 + x^6 + x^3 + 12x^2 + x \equiv 0 \pmod{7}$。

(2) $x^4 + 7x + 4 \equiv 0 \pmod{243}$。

第 7 章　　　平　方　剩　余

上一章讨论了一次同余式及一次同余式组。这一章讨论与二次同余式有关的平方剩余理论及其应用,它们在数论及其密码学中都有特殊的意义。

7.1　平方剩余的基本概念

定义 7-1　设 p 是奇素数,即大于 2 的素数,如果二次同余式

$$x^2 \equiv a \pmod{p}, \quad (a, p) = 1 \tag{7-1}$$

有解,则 a 称为模 p 的**平方剩余**,否则 a 称为模 p 的**平方非剩余**。

之所以规定 p 是大于 2 的素数,是因为 $p=2$ 时解二次同余式(7-1)非常容易。在有些书籍中,平方剩余和平方非剩余又分别称为**二次剩余**和**二次非剩余**。

例 7-1　求出 $p=5$、7 时的平方剩余和平方非剩余。

解:$p=5$ 时,因为

$$1^2 \equiv 1 \pmod 5$$
$$2^2 \equiv 4 \pmod 5$$
$$3^2 \equiv 4 \pmod 5$$
$$4^2 \equiv 1 \pmod 5$$

所以 1、4 是模 5 的平方剩余,而 2、3 是模 5 的平方非剩余。

$p=7$ 时,因为

$$1^2 \equiv 1 \pmod 7$$
$$2^2 \equiv 4 \pmod 7$$
$$3^2 \equiv 2 \pmod 7$$
$$4^2 \equiv 2 \pmod 7$$
$$5^2 \equiv 4 \pmod 7$$
$$6^2 \equiv 1 \pmod 7$$

所以 1、2、4 是模 7 的平方剩余,而 3、5、6 是模 7 的平方非剩余。

对于一般的奇素数 p,模 p 的简化剩余系为
$$\{1,2,\cdots,p-1\}$$

下列数:
$$1^2,2^2(\bmod\ p),\cdots,(p-1)^2(\bmod\ p)$$

是模 p 的全部平方剩余,而简化剩余系中除去所有平方剩余剩下的是全部平方非剩余。

模 p 简化剩余系中究竟有多少平方剩余或多少平方非剩余? 看下面的定理。

定理 7-1　设 p 是奇素数。在模 p 的简化剩余系中,有 $\dfrac{p-1}{2}$ 个平方剩余,$\dfrac{p-1}{2}$ 个平方非剩余。

证明:　证法一。取模 p 的最小绝对简化剩余系

$$-\frac{p-1}{2},-\left(\frac{p-1}{2}+1\right),\cdots,-2,-1,1,2,\cdots,\frac{p-1}{2}-1,\frac{p-1}{2}$$

则模 p 的全部平方剩余为

$$\left(-\frac{p-1}{2}\right)^2,\quad\left[-\left(\frac{p-1}{2}+1\right)\right]^2,\cdots,(-2)^2,(-1)^2,1^2,2^2,\cdots,\left(\frac{p-1}{2}-1\right)^2,\left(\frac{p-1}{2}\right)^2$$

由于

$$(-a)^2\equiv a^2(\bmod\ p)$$

于是模 p 的全部平方剩余为

$$1^2,2^2,\cdots,\left(\frac{p-1}{2}-1\right)^2,\left(\frac{p-1}{2}\right)^2$$

现在证明这 $\dfrac{p-1}{2}$ 个平方剩余两两不同,用反证法。

假设

$$i^2\equiv j^2(\bmod\ p),\quad i\neq j,\quad 1\leqslant i,\quad j\leqslant\frac{p-1}{2}$$

则

$$(i+j)(i-j)\equiv 0\ (\bmod\ p)$$
$$p\mid(i+j)(i-j)$$

因为 p 是素数,于是

$$p\mid(i+j)\quad\text{或}\quad p\mid(i-j)$$

当 $i\neq j$、$1\leqslant i,j\leqslant\dfrac{p-1}{2}$ 时这显然是不可能的,故证得。

所以在模 p 的简化剩余系中,有 $\dfrac{p-1}{2}$ 个平方剩余,同时有

$$p-1-\frac{p-1}{2}=\frac{p-1}{2}$$

个平方非剩余。

证法二。

从有限域的观点出发可以很容易证明该定理。已经知道,p 是素数时,模 p 剩余类集合构成有限域 $GF(p)$。设 $GF(p)$ 的生成元为 g,则 $GF(p)$ 中的非零元为:

$$\{g,g^2,\cdots,g^{p-1}\}$$

非零元中下列子集可以成为其他元素的平方：

$$\{g^2, g^4, g^6, \cdots, g^{p-3}, g^{p-1}\}$$

下列子集不可能成为其他元素的平方：

$$\{g, g^3, g^5, \cdots, g^{p-4}, g^{p-2}\}$$

这两个子集中的元素个数都是 $\dfrac{p-1}{2}$，这就得到了定理。

以后为了简单起见，就说模 p 有 $\dfrac{p-1}{2}$ 个平方剩余、$\dfrac{p-1}{2}$ 个平方非剩余。

以后求模 p 的平方剩余时，就可以只计算下列数了：

$$1^2, 2^2, \cdots, \left(\dfrac{p-1}{2}\right)^2 (\bmod\ p)$$

例 7-2 求出 $p=11$、17 时的平方剩余和平方非剩余。

解：$p=11$ 时：

$$1^2 \equiv 1 \ (\bmod\ 11)$$
$$2^2 \equiv 4 \ (\bmod\ 11)$$
$$3^2 \equiv 9 \ (\bmod\ 11)$$
$$4^2 \equiv 5 \ (\bmod\ 11)$$
$$5^2 \equiv 3 \ (\bmod\ 11)$$

所以 1、3、4、5、9 是模 11 的平方剩余，而 2、6、7、8、10 是模 11 的平方非剩余。

$p=17$ 时：

$$1^2 \equiv 1 \ (\bmod\ 17)$$
$$2^2 \equiv 4 \ (\bmod\ 17)$$
$$3^2 \equiv 9 \ (\bmod\ 17)$$
$$4^2 \equiv 16 \ (\bmod\ 17)$$
$$5^2 \equiv 8 \ (\bmod\ 17)$$
$$6^2 \equiv 2 \ (\bmod\ 17)$$
$$7^2 \equiv 15 \ (\bmod\ 17)$$
$$8^2 \equiv 13 \ (\bmod\ 17)$$

所以 1、2、4、8、9、13、15、16 是模 17 的平方剩余，而 3、5、6、7、10、11、12、14 是模 17 的平方非剩余。

为了判别一个数是否是模 p 的平方剩余，要用到下面的欧拉判别法。

定理 7-2（欧拉判别法） 设 p 是奇素数，$(a, p)=1$。a 是模 p 平方剩余的充分必要条件是

$$a^{\frac{p-1}{2}} \equiv 1 \ (\bmod\ p) \tag{7-2}$$

a 是模 p 平方非剩余的充分必要条件是

$$a^{\frac{p-1}{2}} \equiv -1 \ (\bmod\ p) \tag{7-3}$$

证明：定理第一部分证明。

必要条件证明。

由定理 7-1 的证明可知，

$$\{g^2, g^4, g^6, \cdots, g^{p-3}, g^{p-1}\}$$

是全部模 p 平方剩余,当 a 属于这个集合时,则

$$a^{\frac{p-1}{2}} = (g^{2i})^{\frac{p-1}{2}} = (g^{p-1})^i = (g^{p-1})^i \equiv 1 \pmod{p}, \quad 1 \leqslant i \leqslant \frac{p-1}{2}$$

充分条件证明。

由于

$$(x^{\frac{p-1}{2}} - 1) \mid (x^p - x)$$

由 6.4 节的定理 6-14,同余式

$$x^{\frac{p-1}{2}} - 1 \equiv 0 \pmod{p}$$

有 $\dfrac{p-1}{2}$ 个解,可以验证,

$$\{g^2, g^4, g^6, \cdots, g^{p-3}, g^{p-1}\}$$

正好就是它的 $\dfrac{p-1}{2}$ 个解。于是当

$$a^{\frac{p-1}{2}} \equiv 1 \pmod{p}$$

时,a 是模 p 平方剩余。

定理第二部分证明。

对于任意 $a \in \mathrm{GF}(p)$,有

$$a^{p-1} \equiv 1 \pmod{p}$$

即

$$a^{p-1} - 1 \equiv 0 \pmod{p}$$

$$(a^{\frac{p-1}{2}} - 1)(a^{\frac{p-1}{2}} + 1) \equiv 0 \pmod{p}$$

由于 p 是素数,则

$$(a^{\frac{p-1}{2}} - 1) \equiv 0 \pmod{p} \quad \text{或} \quad (a^{\frac{p-1}{2}} + 1) \equiv 0 \pmod{p}$$

即

$$a^{\frac{p-1}{2}} \equiv 1 \pmod{p} \quad \text{或} \quad a^{\frac{p-1}{2}} \equiv -1 \pmod{p}$$

由本定理的第一部分,a 是模 p 平方剩余的充分必要条件是

$$a^{\frac{p-1}{2}} \equiv 1 \pmod{p}$$

那么 a 是模 p 平方非剩余的充分必要条件就是

$$a^{\frac{p-1}{2}} \equiv -1 \pmod{p}$$

定理证毕。

这里指出,当 a 是模 p 平方剩余时,(7-1)式有两个解,这是由于

$$x^p - x = x(x^{p-1} - 1)$$
$$= x((x^2)^{\frac{p-1}{2}} - 1)$$
$$\equiv x((x^2)^{\frac{p-1}{2}} - a^{\frac{p-1}{2}}) \quad (\text{注意 } a^{\frac{p-1}{2}} \equiv 1 \pmod{p})$$
$$\equiv x(x^2 - a)((x^2)^{\frac{p-1}{2}-1} + (x^2)^{\frac{p-1}{2}-2}a + \cdots + a^{\frac{p-1}{2}-2}(x^2) + a^{\frac{p-1}{2}-1}) \pmod{p}$$

于是在模 p 下有

$$(x^2 - a) \mid (x^p - x)$$

根据 6.4 节的定理 6-14,(7-1)式正好有两个解。

例 7-3

(1) 判断 3 是不是模 17 的平方剩余?

解:因为

$$3^2 \equiv 9 \pmod{17}$$
$$3^4 \equiv 81 \equiv -4 \pmod{17}$$
$$3^{\frac{17-1}{2}} = 3^8 \equiv 3^4 \times 3^4 \equiv -1 \pmod{17}$$

所以 3 是模 17 的平方非剩余。

(2) 7 是不是模 29 的平方剩余?

解: 因为

$$7^2 = 49 \equiv -9 \pmod{29}$$
$$7^4 \equiv (-9)^2 \equiv 81 \equiv -6 \pmod{29}$$
$$7^8 \equiv (-6)^2 \equiv 36 \equiv 7 \pmod{29}$$
$$7^{\frac{29-1}{2}} = 7^{14} = 7^8 \times 7^4 \times 7^2 \equiv 7 \times (-6) \times (-9) \equiv 1 \pmod{29}$$

所以 7 是模 29 的平方剩余。

7.2 勒让德符号

由于在模乘法的计算过程中需要反复的模乘运算,上节平方剩余与平方非剩余的欧拉判别法当 p 比较大时并不方便,例如判别 286 在模 563 下是否是平方剩余计算量就很大。本节引入**勒让德符号**,它在判别是否平方剩余时非常有效。

定义 7-2 设 p 是奇素数,a 是**整数**。勒让德(Legendre)符号 $\left(\dfrac{a}{p}\right)$ 定义如下:

$$\left(\frac{a}{p}\right) = \begin{cases} 1, & a \text{ 是模 } p \text{ 的平方剩余} \\ -1, & a \text{ 是模 } p \text{ 的平方非剩余} \\ 0, & a \text{ 能够被 } p \text{ 整除,即 } p \mid a \end{cases}$$

注:在后面使用勒让德符号的计算过程中,一定要注意 p 是奇素数。

由欧拉判别法可立即得到下面的定理。

定理 7-3 设 p 是奇素数,a 是整数,则

$$\left(\frac{a}{p}\right) \equiv a^{\frac{p-1}{2}} \pmod{p} \tag{7-4}$$

注:定理 7-3 中的同余号的左右两边在符号上是一致的,但是符号的意思是不一样的,左边是符号,右边是值。

勒让德符号具有下列性质:

(1) $\left(\dfrac{1}{p}\right) = 1$,$\left(\dfrac{-1}{p}\right) = (-1)^{\frac{p-1}{2}}$。

(2) 如果 $a \equiv b \pmod{p}$,则 $\left(\dfrac{a}{p}\right) = \left(\dfrac{b}{p}\right)$。

(3) $\left(\dfrac{a+p}{p}\right) = \left(\dfrac{a}{p}\right)$。

(4) 如果 $(a,p)=1$，则 $\left(\dfrac{a^2}{p}\right)=1$。

(5) $\left(\dfrac{a_1 a_2 \cdots a_n}{p}\right) = \left(\dfrac{a_1}{p}\right)\left(\dfrac{a_2}{p}\right)\cdots\left(\dfrac{a_n}{p}\right)$。

证明：

(1) 利用欧拉判别法直接得到。

(2) 因为 $a \equiv b \pmod{p}$，所以得到 $\left(\dfrac{a}{p}\right) \equiv (a)^{\frac{p-1}{2}} \equiv (b)^{\frac{p-1}{2}} \equiv \left(\dfrac{b}{p}\right)$。

(3) 可以由性质(2)直接得到。

(4) 因为 $(a,p)=1$，a^2 是平方剩余，所以 $\left(\dfrac{a^2}{p}\right)=1$。

(5) 因为

$$\left(\frac{a_1 a_2 \cdots a_n}{p}\right) \equiv (a_1 a_2 \cdots a_n)^{\frac{p-1}{2}}$$

$$\equiv a_1^{\frac{p-1}{2}} a_2^{\frac{p-1}{2}} \cdots a_n^{\frac{p-1}{2}}$$

$$\equiv \left(\frac{a_1}{p}\right)\left(\frac{a_2}{p}\right)\cdots\left(\frac{a_n}{p}\right) \pmod{p}$$

于是

$$\left(\frac{a_1 a_2 \cdots a_n}{p}\right) = \left(\frac{a_1}{p}\right)\left(\frac{a_2}{p}\right)\cdots\left(\frac{a_n}{p}\right) + kp, \quad k = 0, \pm 1, \pm 2, \cdots \tag{7-5}$$

由于 p 是奇素数，$p>2$，而勒让德符号只能取值 0、± 1，所以式(7-5)中 k 只可能等于 0，所以有

$$\left(\frac{a_1 a_2 \cdots a_n}{p}\right) = \left(\frac{a_1}{p}\right)\left(\frac{a_2}{p}\right)\cdots\left(\frac{a_n}{p}\right) \tag{7-6}$$

下面要引出著名的二次互反律。之前先证明一条引理，尽管下面的证明过程显得冗长，但证明思路并不复杂，读者还可以从证明过程中受到启发。

引理 7-1

(1)

$$\left(\frac{2}{p}\right) = (-1)^{\frac{p^2-1}{8}} \tag{7-7}$$

(2) 如果 $(a,p)=1$，而且 2 不能整除 a，则

$$\left(\frac{a}{p}\right) = (-1)^{\sum\limits_{k=1}^{p_1}\left[\frac{ak}{p}\right]} \tag{7-8}$$

其中，$p_1 = \dfrac{p-1}{2}$，$\left[\dfrac{ak}{p}\right]$ 表示带余除法得到的商：

$$ak = p\left[\frac{ak}{p}\right] + r_k, \quad k = 1, 2, \cdots, \frac{p-1}{2}$$

证明： 设 a 是一整数且 $(a,p)=1$。对序列

$$ak, \quad k = 1, 2, \cdots, \frac{p-1}{2}$$

作带余除法：

$$ak = p\left[\frac{ak}{p}\right] + r_k, \quad k = 1, 2, \cdots, \frac{p-1}{2}$$

将余数

$$r_k, \quad k = 1, 2, \cdots, \frac{p-1}{2}$$

分成小于 $\frac{p}{2}$ 和大于 $\frac{p}{2}$ 的两部分：

$$r_k < \frac{p}{2}: a_1, a_2, \cdots, a_t$$

$$r_k > \frac{p}{2}: b_1, b_2, \cdots, b_m$$

显然有

$$t + m = \frac{p-1}{2}$$

而且在这两个序列中，

$$a_i + b_j \neq p \ \text{或} \ a_i \neq p - b_j \quad (1 \leqslant i \leqslant t, 1 \leqslant j \leqslant m)$$

否则存在 k_1、k_2 使

$$ak_1 + ak_2 \equiv 0 \ (\text{mod} \ p) \quad (1 \leqslant k_1, k_2 \leqslant \frac{p-1}{2})$$

因为 $(a, p) = 1$，则

$$k_1 + k_2 \equiv 0 \ (\text{mod} \ p) \quad \left(1 \leqslant k_1, k_2 \leqslant \frac{p-1}{2}\right)$$

这显然是不可能的。再由于 $\frac{p}{2} < b_j < p$，则 $1 \leqslant p - b_j < \frac{p}{2}$，故

$$\{a_1, a_2, \cdots, a_t, p - b_1, p - b_2, \cdots, p - b_m\} = \{1, 2, \cdots, \frac{p-1}{2}\}$$

于是有

$$a^{\frac{p-1}{2}} \left(\frac{p-1}{2}\right)! = \prod_{k \leqslant \frac{p-1}{2}} ak$$

$$\equiv \prod_{i=1}^{t} a_i \prod_{j=1}^{m} b_j$$

$$\equiv \prod_{i=1}^{t} a_i \prod_{j=1}^{m} (-1)(p - b_j)$$

$$\equiv (-1)^m \prod_{i=1}^{t} a_i \prod_{j=1}^{m} (p - b_j)$$

$$\equiv (-1)^m \left(\frac{p-1}{2}\right)! \ (\text{mod} \ p)$$

则

$$\left(\frac{a}{p}\right) \equiv a^{\frac{p-1}{2}} \equiv (-1)^m (\text{mod} \ p)$$

由于 $\left(\frac{a}{p}\right) = \pm 1$，于是

$$\left(\frac{a}{p}\right) = (-1)^m$$

现在对

$$ak = p\left[\frac{ak}{p}\right] + r_k, \quad k = 1, 2, \cdots, \frac{p-1}{2}$$

两边求和：

$$\sum_{k=1}^{\frac{p-1}{2}} ak = \sum_{k=1}^{\frac{p-1}{2}} p\left[\frac{ak}{p}\right] + \sum_{k=1}^{\frac{p-1}{2}} r_k$$

得到：

$$a\frac{p^2-1}{8} = p\sum_{k=1}^{\frac{p-1}{2}}\left[\frac{ak}{p}\right] + \sum_{i=1}^{t} a_i + \sum_{j=1}^{m} b_j$$

$$= p\sum_{k=1}^{\frac{p-1}{2}}\left[\frac{ak}{p}\right] + \sum_{i=1}^{t} a_i + \sum_{j=1}^{m}(p - b_j) + 2\sum_{j=1}^{m} b_j - mp$$

$$= p\sum_{k=1}^{\frac{p-1}{2}}\left[\frac{ak}{p}\right] + \sum_{k=1}^{\frac{p-1}{2}} k + 2\sum_{j=1}^{m} b_j - mp$$

$$= p\sum_{k=1}^{\frac{p-1}{2}}\left[\frac{ak}{p}\right] + \frac{p^2-1}{8} + 2\sum_{j=1}^{m} b_j - mp$$

于是有

$$(a-1)\frac{p^2-1}{8} \equiv \sum_{k=1}^{\frac{p-1}{2}}\left[\frac{ak}{p}\right] + m(\bmod\ 2)$$

（注意 p 是奇素数：$p \equiv 1\ (\bmod\ 2)$, $-1 \equiv 1\ (\bmod\ 2)$）

当 $a = 2$ 时，

$$\left[\frac{ak}{p}\right] = \left[\frac{2k}{p}\right] = 0, \quad k = 1, 2, \cdots, \frac{p-1}{2}$$

则

$$m \equiv \frac{p^2-1}{8}(\bmod\ 2)$$

即

$$m = \frac{p^2-1}{8} + 2n, \quad n \text{ 是整数}$$

故

$$\left(\frac{2}{p}\right) = (-1)^{\frac{p^2-1}{8}+2n} = (-1)^{\frac{p^2-1}{8}}$$

当 a 不能被 2 整除时，有 $2 \mid (a-1)$，于是

$$m \equiv \sum_{k=1}^{\frac{p-1}{2}}\left[\frac{ak}{p}\right](\bmod\ 2)$$

故

$$\left(\frac{a}{p}\right) = (-1)^m = (-1)^{\sum\limits_{k=1}^{p_1}\left[\frac{ak}{p}\right]}$$

其中 $p_1 = \frac{p-1}{2}$。

引理证毕。

该引理第(1)条的推论可以作为勒让德符号的第(6)项性质。

勒让德符号性质(6):

$$\left(\frac{2}{p}\right)=\begin{cases}1, & \text{如果 } p\equiv\pm 1 \ (\text{mod } 8)\\ -1, & \text{如果 } p\equiv\pm 3 \ (\text{mod } 8)\end{cases}$$

证明：分别把

$$p\equiv\pm 1 \ (\text{mod } 8)$$
$$p\equiv\pm 3 \ (\text{mod } 8)$$

代入式

$$\left(\frac{2}{p}\right)=(-1)^{\frac{p^2-1}{8}}$$

中便得。

现在可以给出二次互反律。

定理 7-4(二次互反律)　如果 p、q 都是奇素数，$(p,q)=1$，则

$$\left(\frac{q}{p}\right)=(-1)^{\frac{p-1}{2}\frac{q-1}{2}}\left(\frac{p}{q}\right) \tag{7-9}$$

证明：由于 2 不能整除 p、q，则

$$\left(\frac{q}{p}\right)=(-1)^{\sum\limits_{h=1}^{p_1}\left[\frac{qh}{p}\right]}, \quad \left(\frac{p}{q}\right)=(-1)^{\sum\limits_{k=1}^{q_1}\left[\frac{pk}{q}\right]}$$

其中 $p_1=\dfrac{p-1}{2}$，$q_1=\dfrac{q-1}{2}$。现在证明

$$\sum_{h=1}^{p_1}\left[\frac{qh}{p}\right]+\sum_{k=1}^{q_1}\left[\frac{pk}{q}\right]=p_1 q_1$$

使用几何方法证明该公式，如图 7-1 所示。

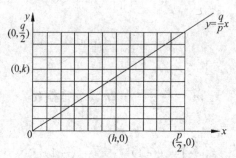

图 7-1　二次互反律证明示意图

容易计算出图中长方形内的整点数目是 $\dfrac{p-1}{2}\dfrac{q-1}{2}$，即 $p_1 q_1$。

现在分别计算直线 $y=\dfrac{q}{p}x$ 上方和下方的整点数目。位于点 $(h,0)$ 的垂直线上且在直线 $y=\dfrac{q}{p}x$ 下方的点数为 $\left[\dfrac{qh}{p}\right]$，则直线 $y=\dfrac{q}{p}x$ 下方三角形内的整点个数为 $\sum\limits_{h=1}^{p_1}\left[\dfrac{qh}{p}\right]$。位于点 $(0,k)$ 水平线上且在直线 $y=\dfrac{q}{p}x$ 上方的点数为 $\left[\dfrac{pk}{q}\right]$，则直线 $y=\dfrac{q}{p}x$ 上方三角形内的整点

个数为 $\sum\limits_{k=1}^{q_1}\left[\dfrac{pk}{q}\right]$。由于 p、q 互素，直线 $y=\dfrac{q}{p}x$ 上无整点。所以

$$\sum_{h=1}^{p_1}\left[\frac{qh}{p}\right]+\sum_{k=1}^{q_1}\left[\frac{pk}{q}\right]=\frac{p-1}{2}\frac{q-1}{2}$$

于是

$$\left(\frac{q}{p}\right)\left(\frac{p}{q}\right)=(-1)^{\frac{p-1}{2}\frac{q-1}{2}}$$

故

$$\left(\frac{q}{p}\right)=(-1)^{\frac{p-1}{2}\frac{q-1}{2}}\left(\frac{p}{q}\right)$$

定理 7-4 证得。

例 7-4　判别 286 是否是模 563 的平方剩余。

解：563 是奇素数，又 $286=2\times11\times13$，于是

$$\left(\frac{286}{563}\right)=\left(\frac{2}{563}\right)\left(\frac{11}{563}\right)\left(\frac{13}{563}\right)$$

而

$$\left(\frac{2}{563}\right)=-1\quad(因为\ 563\equiv3\ (\mathrm{mod}\ 8))$$

$$\left(\frac{13}{563}\right)=(-1)^{\frac{563-1}{2}\times\frac{13-1}{2}}\left(\frac{563}{13}\right)=\left(\frac{4}{13}\right)=1\quad(因为\ 563\equiv4\ (\mathrm{mod}\ 13))$$

$$\left(\frac{11}{563}\right)=(-1)^{\frac{563-1}{2}\times\frac{11-1}{2}}\left(\frac{563}{11}\right)=-\left(\frac{2}{11}\right)=1\quad(因为\ 563\equiv2\ (\mathrm{mod}\ 11))$$

则

$$\left(\frac{286}{563}\right)=-1$$

故 286 是模 563 的平方非剩余。

例 7-5　判断

$$x^2=137\ (\mathrm{mod}\ 227)$$

是否有解。

解：227 是奇素数，又 $137\equiv-90\equiv-2\times3^2\times5$，则

$$\left(\frac{137}{227}\right)=\left(\frac{-1}{227}\right)\left(\frac{2}{227}\right)\left(\frac{3^2}{227}\right)\left(\frac{5}{227}\right)$$

而

$$\left(\frac{-1}{227}\right)=-1$$

$$\left(\frac{2}{227}\right)=-1$$

$$\left(\frac{3^2}{227}\right)=1$$

$$\left(\frac{5}{227}\right)=(-1)^{\frac{227-1}{2}\times\frac{5-1}{2}}\left(\frac{227}{5}\right)=\left(\frac{2}{13}\right)=-1$$

故

$$\left(\frac{137}{227}\right)=-1$$

原同余式无解。

7.3 雅可比符号

前面介绍了勒让德符号的要求比较严,为了更有效地计算勒让德符号,这里引入**雅可比**(Jacobi)**符号**。

定义 7-3 设 m 是大于 1 的奇数,$m = p_1 p_2 \cdots p_r$ 是 m 的素数分解,a 是整数。雅可比符号 $\left(\dfrac{a}{m}\right)$ 定义如下:

$$\left(\frac{a}{m}\right) = \left(\frac{a}{p_1}\right)\left(\frac{a}{p_2}\right)\cdots\left(\frac{a}{p_r}\right) \tag{7-10}$$

其中 $\left(\dfrac{a}{p_i}\right)$ 是勒让德符号。

定义中 m 是奇数,所以 p_1、p_2、$\cdots$、p_r 都是奇素数。p_1、p_2、$\cdots$、p_r 可能有重复。

雅可比符号并不能判断 a 是否是模 m 的平方剩余。例如 2 不是模 9 的平方剩余,但

$$\left(\frac{2}{9}\right) = \left(\frac{2}{3}\right)\left(\frac{2}{3}\right) = 1$$

当 m 是一个奇素数时,雅可比符号和勒让德符号是一致的。

雅可比符号有着和勒让德符号相似的下列性质:

(1) $\left(\dfrac{1}{m}\right) = 1$。

(2) 如果 $a \equiv b \pmod{m}$,则 $\left(\dfrac{a}{m}\right) = \left(\dfrac{b}{m}\right)$。

(3) 如果 $(a, m) = 1$,则 $\left(\dfrac{a^2}{m}\right) = 1$。

(4) $\left(\dfrac{a+m}{m}\right) = \left(\dfrac{a}{m}\right)$。

(5) $\left(\dfrac{a_1 a_2 \cdots a_n}{m}\right) = \left(\dfrac{a_1}{m}\right)\left(\dfrac{a_2}{m}\right)\cdots\left(\dfrac{a_n}{m}\right)$。

(6) $\left(\dfrac{-1}{m}\right) = (-1)^{\frac{m-1}{2}}$。

(7) $\left(\dfrac{2}{m}\right) = (-1)^{\frac{m^2-1}{8}}$。

证明:

(1) 使用定义直接计算得到结论。

(2) 设 $m = p_1 p_2 \cdots p_r$ 是 m 的素数分解。因为 $a \equiv b \pmod{m}$,所以由上节勒让德符号性质(2)得到

$$\left(\frac{a}{m}\right) = \left(\frac{a}{p_1}\right)\left(\frac{a}{p_2}\right)\cdots\left(\frac{a}{p_r}\right) = \left(\frac{b}{p_1}\right)\left(\frac{b}{p_2}\right)\cdots\left(\frac{b}{p_r}\right) = \left(\frac{b}{m}\right)$$

(3) 设 $m = p_1 p_2 \cdots p_r$ 是 m 的素数分解。又因为当 $(a, m) = 1$ 时,所有的 $\left(\dfrac{a^2}{p_i}\right) = 1$,所以:

$$\left(\frac{a^2}{m}\right) = \left(\frac{a^2}{p_1}\right)\left(\frac{a^2}{p_2}\right)\cdots\left(\frac{a^2}{p_r}\right) = 1$$

（4）由性质（2）直接得到。

（5）使用雅克比符号的定义和勒让德符号性质直接计算。设 $m=p_1p_2\cdots p_r$ 是 m 的素数分解。则

$$\left(\frac{a_1a_2\cdots a_n}{m}\right)=\left(\frac{a_1a_2\cdots a_n}{p_1}\right)\left(\frac{a_1a_2\cdots a_n}{p_2}\right)\cdots\left(\frac{a_1a_2\cdots a_n}{p_r}\right)$$

$$=\left(\left(\frac{a_1}{p_1}\right)\left(\frac{a_2}{p_1}\right)\cdots\left(\frac{a_n}{p_1}\right)\right)\left(\left(\frac{a_1}{p_2}\right)\left(\frac{a_2}{p_2}\right)\cdots\left(\frac{a_n}{p_2}\right)\right)\cdots\left(\left(\frac{a_1}{p_r}\right)\left(\frac{a_2}{p_r}\right)\cdots\left(\frac{a_n}{p_r}\right)\right)$$

$$=\left(\left(\frac{a_1}{p_1}\right)\left(\frac{a_1}{p_2}\right)\cdots\left(\frac{a_1}{p_r}\right)\right)\left(\left(\frac{a_2}{p_1}\right)\left(\frac{a_2}{p_2}\right)\cdots\left(\frac{a_2}{p_r}\right)\right)\cdots\left(\left(\frac{a_n}{p_1}\right)\left(\frac{a_n}{p_2}\right)\cdots\left(\frac{a_n}{p_r}\right)\right)$$

$$=\left(\frac{a_1}{m}\right)\left(\frac{a_2}{m}\right)\cdots\left(\frac{a_n}{m}\right)$$

（6）设 $m=p_1p_2\cdots p_r$ 是 m 的素数分解。

$$\left(\frac{-1}{m}\right)=\left(\frac{-1}{p_1}\right)\left(\frac{-1}{p_2}\right)\cdots\left(\frac{-1}{p_r}\right)=(-1)^{\sum_{i=1}^{r}\frac{p_i-1}{2}}$$

现在只需证明

$$\sum_{i=1}^{r}\frac{p_i-1}{2}\equiv\frac{m-1}{2}\pmod 2$$

而

$$\frac{m-1}{2}=\frac{p_1p_2\cdots p_r-1}{2}$$

$$=\frac{\left(1+2\frac{p_1-1}{2}\right)\left(1+2\frac{p_2-1}{2}\right)\cdots\left(1+2\frac{p_r-1}{2}\right)-1}{2}$$

$$\equiv\sum_{i=1}^{r}\frac{p_i-1}{2}\pmod 2$$

故性质（6）证得。

（7）设 $m=p_1p_2\cdots p_r$ 是 m 的素数分解。

$$\left(\frac{2}{m}\right)=\left(\frac{2}{p_1}\right)\left(\frac{2}{p_2}\right)\cdots\left(\frac{2}{p_r}\right)=(-1)^{\sum_{i=1}^{r}\frac{p_i^2-1}{8}}$$

现在只需证明

$$\sum_{i=1}^{r}\frac{p_i^2-1}{8}\equiv\frac{m^2-1}{8}\pmod 2$$

而

$$\frac{m^2-1}{8}=\frac{p_1^2p_2^2\cdots p_r^2-1}{8}$$

$$=\frac{\left(1+8\frac{p_1^2-1}{8}\right)\left(1+8\frac{p_2^2-1}{8}\right)\cdots\left(1+8\frac{p_r^2-1}{8}\right)-1}{8}$$

$$\equiv\sum_{i=1}^{r}\frac{p_i^2-1}{8}\pmod 2$$

故性质（7）证得。

定理 7-5　如果 m、n 都是大于 1 的奇数，则

$$\left(\frac{n}{m}\right)=(-1)^{\frac{m-1}{2}\frac{n-1}{2}}\left(\frac{m}{n}\right)\tag{7-11}$$

证明：如果$(m,n)\neq 1$,如果得到

$$\left(\frac{n}{m}\right)=\left(\frac{m}{n}\right)=0$$

定理成立。

现在假设$(m,n)=1$。设 $n=q_1q_2\cdots q_s$ 是 n 的素数分解,则

$$\left(\frac{n}{m}\right)=\prod_{i=1}^{r}\left(\frac{n}{p_i}\right)=\prod_{i=1}^{r}\prod_{j=1}^{s}\left(\frac{q_j}{p_i}\right)$$

$$=\prod_{i=1}^{r}\prod_{j=1}^{s}(-1)^{\frac{p_i-1}{2}\frac{q_j-1}{2}}\left(\frac{p_i}{q_j}\right)$$

$$=(-1)^{\sum\limits_{i=1}^{r}\sum\limits_{j=1}^{s}\frac{p_i-1}{2}\frac{q_j-1}{2}}\prod_{i=1}^{r}\prod_{j=1}^{s}\left(\frac{p_i}{q_j}\right)$$

$$=(-1)^{\sum\limits_{i=1}^{r}\sum\limits_{j=1}^{s}\frac{p_i-1}{2}\frac{q_j-1}{2}}\left(\frac{m}{n}\right)$$

而由前面证明中得到的结果：

$$\sum_{i=1}^{r}\frac{p_i-1}{2}\equiv\frac{m-1}{2}(\mathrm{mod}\ 2)$$

有

$$\sum_{i=1}^{r}\sum_{j=1}^{s}\frac{p_i-1}{2}\frac{q_j-1}{2}=\sum_{i=1}^{r}\frac{p_i-1}{2}\sum_{j=1}^{s}\frac{q_j-1}{2}\equiv\frac{m-1}{2}\frac{n-1}{2}(\mathrm{mod}\ 2)$$

故

$$\left(\frac{n}{m}\right)=(-1)^{\frac{m-1}{2}\frac{n-1}{2}}\left(\frac{m}{n}\right)$$

定理证得。

例 7-6 判断 339 是否模 1979 的平方剩余。

解：1979 是奇素数,所以该例是求勒让德符号

$$\left(\frac{339}{1979}\right)$$

而此时勒让德符号与雅可比符号是一致的,所以求 339 对 1979 的雅可比符号：

$$\left(\frac{339}{1979}\right)=(-1)^{\frac{339-1}{2}\times\frac{1979-1}{2}}\left(\frac{1979}{339}\right)$$

$$=-1\left(\frac{284}{339}\right)\quad(因为\ 1979=284\ \mathrm{mod}\ (339))$$

$$=-\left(\frac{4}{339}\right)\left(\frac{71}{339}\right)$$

$$=-\left(\frac{2}{339}\right)^2\left(\frac{71}{339}\right)$$

$$=-\left(\frac{71}{339}\right)$$

$$=-(-1)^{\frac{71-1}{2}\times\frac{339-1}{2}}\left(\frac{339}{71}\right)$$

$$=\left(\frac{55}{71}\right)\quad(因为\ 339=55\ \mathrm{mod}\ (71))$$

$$= (-1)^{\frac{55-1}{2} \times \frac{71-1}{2}} \left(\frac{71}{55}\right)$$

$$= -\left(\frac{16}{55}\right) \quad (\text{因为 } 71 = 16 \bmod (55))$$

$$= -\left(\frac{2}{55}\right)^4 = -1$$

所以 339 对 1979 的勒让德符号也等于 -1，故 339 是模 1979 的平方非剩余。

如果直接求 339 对 1979 的勒让德符号就会复杂得多。这个例子体现了雅可比符号的意义和作用，数字越大作用越明显。

例 7-7　计算勒让德符号 $\left(\dfrac{105}{317}\right)$。

解：将 $\left(\dfrac{105}{317}\right)$ 视作雅克比符号，可得

$$\left(\frac{105}{317}\right) = \left(\frac{317}{105}\right) = \left(\frac{2}{105}\right) = 1$$

应该强调的是，雅克比符号 $\left(\dfrac{a}{m}\right) = 1$ 并不表示二次同余方程

$$x^2 \equiv a \pmod{m}$$

一定有解。例如，奇素数 $p \equiv -1 \pmod 4$，取 $m = p^2$ 时总有 $\left(\dfrac{-1}{m}\right) = \left(\dfrac{-1}{p^2}\right) = 1$，但是

$$x^2 \equiv -1 \pmod p$$

无解，当然

$$x^2 \equiv -1 \pmod m$$

也无解。当 $p = 3$ 时，$\left(\dfrac{-1}{9}\right) = (-1)^{\frac{9-1}{2}} = 1$，但容易验证

$$x^2 \equiv -1 \pmod 9$$

是无解的。

7.4　模 p 平方根

设 p 是奇素数，可以利用勒让德符号来判断二次同余式

$$x^2 \equiv a \pmod p$$

是否有解。如果 $\left(\dfrac{a}{p}\right) = 1$，则上面的同余式有解；如果 $\left(\dfrac{a}{p}\right) = -1$，则上面的同余式无解。当 p 不大的情况下，可以将

$$x = 1, 2, \cdots, \frac{p-1}{2}$$

依次带入同余式中，通过试探的方法来求解。但当 p 比较大时，可以利用下面的算法来进行求解。

（1）对于奇素数 p，将 $p - 1$ 写成

$$p - 1 = 2^t s$$

这里的 $t \geqslant 1$，s 是奇数。

信息安全数学基础教程(第 2 版)

(2) 任意选择一个模 p 的平方非剩余 n,令 $b \equiv n^s \pmod p$。这样就有

$$b^{2^t} \equiv (n^s)^{2^t} \equiv n^{p-1} \equiv 1 \pmod p$$

和

$$b^{2^{t-1}} \equiv (n^s)^{2^{t-1}} \equiv n^{\frac{p-1}{2}} \equiv -1 \pmod p$$

也就是说,b 是模 p 的 2^t 次单位根,不是模 p 的 2^{t-1} 次单位根。

(3) 计算

$$x_{t-1} \equiv a^{\frac{s+1}{2}} \pmod p$$

由于

$$(a^{-1}x_{t-1}^2)^{2^{t-1}} \equiv a^{2^{t-1}s} \equiv a^{\frac{p-1}{2}} \equiv 1 \pmod p$$

所以有 $a^{-1}x_{t-1}^2$ 满足同余式

$$y^{2^{t-1}} \equiv 1 \pmod p$$

即 $a^{-1}x_{t-1}^2$ 是模 p 的 2^{t-1} 次单位根。

(4) 如果 $t=1$,就找到了同余式

$$x^2 \equiv a \pmod p$$

解

$$x \equiv x_{t-1} \equiv x_0 \equiv a^{\frac{s+1}{2}} \pmod p$$

如果 $t \geqslant 2$,需要寻找 x_{t-2} 使得 $a^{-1}x_{t-2}^2$ 满足同余式

$$y^{2^{t-2}} \equiv 1 \pmod p$$

如果

$$(a^{-1}x_{t-1}^2)^{2^{t-2}} \equiv 1 \pmod p$$

令 $j_0=0$,$x_{t-2} \equiv x_{t-1} \equiv x_{t-1}b^{j_0} \pmod p$ 就是所求结果。

如果

$$(a^{-1}x_{t-1}^2)^{2^{t-2}} \equiv -1 \equiv (b^2)^{2^{t-2}} \pmod p$$

令 $j_0=1$,$x_{t-2} \equiv x_{t-1}b \equiv x_{t-1}b^{j_0} \pmod p$ 就是所求结果。

如此下去,假设找到 x_{t-k} 使得 $a^{-1}x_{t-k}^2$ 满足同余式

$$y^{2^{t-k}} \equiv 1 \pmod p$$

即

$$(a^{-1}x_{t-k}^2)^{2^{t-k}} \equiv 1 \pmod p$$

成立。

如果 $t=k$,则有

$$a^{-1}x_{t-k}^2 \equiv 1 \pmod p$$

也就是说,

$$x_{t-k}^2 \equiv a \pmod p$$

成立。即 x_{t-k} 就是同余式

$$x^2 \equiv a \pmod p$$

的解。

如果 $t \geqslant k+1$,需要寻找 x_{t-k-1} 使得 $a^{-1}x_{t-k-1}^2$ 满足同余式

$$y^{2^{t-k-1}} \equiv 1 (\text{mod } p)$$

如果

$$(a^{-1}x_{t-k}^2)^{2^{t-k-1}} \equiv 1(\text{mod } p)$$

令 $j_{k-1}=0, x_{t-k-1} \equiv x_{t-k} \equiv x_{t-k}b^{j_{k-1}2^{k-1}}(\text{mod } p)$ 就是所求结果。

如果

$$(a^{-1}x_{t-k}^2)^{2^{t-k-1}} \equiv -1 \equiv (b^{2^k})^{2^{t-k-1}}(\text{mod } p)$$

令 $j_{k-1}=1, x_{t-k-1} \equiv x_{t-k}b^{2^{k-1}} \equiv x_{t-k}b^{j_{k-1}2^{k-1}}(\text{mod } p)$ 就是所求结果。

对于 $k=t-1$，有

$$x \equiv x_0$$
$$\equiv x_1 b^{j_{t-2}2^{t-2}}$$
$$\vdots$$
$$\equiv x_{t-1}b^{j_0+j_12+\cdots+j_{t-2}2^{t-2}}$$
$$\equiv a^{\frac{s+1}{2}}b^{j_0+j_12+\cdots+j_{t-2}2^{t-2}}(\text{mod } p)$$

是同余式

$$x^2 \equiv a\ (\text{mod } p)$$

的解。

例 7-8　求解同余式

$$x^2 \equiv 8\ (\text{mod } 17)$$

解：

（1）对于奇素数 $p=17$，将 $p-1$ 写成

$$p-1=16=2^4 \times 1$$

这里的 $t=4, s=1$。

（2）任意选择一个模 17 的平方非剩余 $n=3$，令 $b \equiv 3(\text{mod } 17)$。

（3）计算

$$x_3 \equiv 8^{\frac{1+1}{2}} \equiv 8(\text{mod } 17)$$

和

$$a^{-1} \equiv 15\ (\text{mod } 17)$$

（4）由于

$$(a^{-1}x_3^2)^{2^2} \equiv (15 \times 8^2)^4 \equiv -1(\text{mod } 17)$$

令 $j_0=1, x_2 \equiv x_3b^{j_02^0} \equiv 8 \times 3 \equiv 7(\text{mod } 17)$（在这一步，$k=1$）。

（5）又由于

$$(a^{-1}x_2^2)^2 \equiv (15 \times 7^2)^2 \equiv -1(\text{mod } 17)$$

令 $j_1=1, x_1 \equiv x_2b^{j_12^1} \equiv 7 \times 3^2 \equiv 12(\text{mod } 17)$（在这一步，$k=2$）。

（6）又由于

$$(a^{-1}x_1^2)^{2^0} \equiv 15 \times 12^2 \equiv 1(\text{mod } 17)$$

令 $j_2=0, x_0 \equiv x_1b^{j_22^2} \equiv 12 \times 3^0(\text{mod } 17)$（在这一步，$k=3$）。

所以 $x \equiv x_0 \equiv 12\ (\text{mod } 17)$ 是同余式

$$x^2 \equiv 8 \ (\text{mod } 17)$$

的解。

习题 7

题 7-1 证明:

(1) 两个平方剩余的乘积为平方剩余。

(2) 平方剩余的逆为平方剩余。

(3) 一个平方剩余与一个平方非剩余的乘积为平方非剩余。

(4) 两个平方非剩余的乘积为平方剩余。

题 7-2 求模 $p = 13$、23、37、41 的平方剩余、平方非剩余。

题 7-3 在不超过 100 的素数 p 中,2 是哪些模 p 的平方剩余? -2 是哪些模 p 的平方剩余?

题 7-4 判断:

(1) -8 是不是模 53 的平方剩余?

(2) 8 是不是模 67 的平方剩余?

题 7-5 解下列同余式:

(1) $x^2 \equiv -2 \ (\text{mod } 67)$。

(2) $x^2 \equiv 2 \ (\text{mod } 67)$。

(3) $x^2 \equiv -2 \ (\text{mod } 37)$。

(4) $x^2 \equiv 2 \ (\text{mod } 37)$。

(5) $x^2 \equiv -1 \ (\text{mod } 221)$。

(6) $x^2 \equiv -1 \ (\text{mod } 427)$。

(7) $x^2 \equiv -2 \ (\text{mod } 209)$。

(8) $x^2 \equiv 2 \ (\text{mod } 391)$。

题 7-6 设 p 是奇素数,p 不能整除 a。证明:存在整数 u、v,$(u,v) = 1$,使得

$$u^2 + av^2 \equiv 0 \ (\text{mod } p)$$

的充分必要条件是 $-a$ 是模 p 的平方剩余。

题 7-7 设 p 是奇素数。证明:

(1) 模 p 的所有平方剩余的乘积对模 p 的剩余是 $(-1)^{\frac{p+1}{2}}$。

(2) 模 p 的所有平方非剩余的乘积对模 p 的剩余是 $(-1)^{\frac{p-1}{2}}$。

(3) 模 p 的所有平方剩余之和对模 p 的剩余是:1,当 $p = 3$;0,当 $p > 3$。

(4) 模 p 的所有平方非剩余之和对模 p 的剩余是多少?

题 7-8 设 p 是素数,$(a,p) = (b,p) = 1$。证明:如果 $x^2 \equiv a \ (\text{mod } p)$ 与 $x^2 \equiv b \ (\text{mod } p)$ 均无解,则 $x^2 \equiv ab \ (\text{mod } p)$ 有解。

题 7-9 设 p 是奇素数,$p \equiv 1 \ (\text{mod } 4)$。证明:

(1) 1、2、$\cdots$、$\dfrac{p-1}{2}$ 中模 p 的平方剩余与平方非剩余的个数均为 $\dfrac{p-1}{4}$。

(2) $1、2、\cdots、p-1$ 中有 $\dfrac{p-1}{4}$ 个偶数为模 p 的平方剩余，$\dfrac{p-1}{4}$ 个奇数为模 p 的平方剩余。

(3) $1、2、\cdots、p-1$ 中有 $\dfrac{p-1}{4}$ 个偶数为模 p 的平方非剩余，$\dfrac{p-1}{4}$ 个奇数为模 p 的平方非剩余。

(4) $1、2、\cdots、p-1$ 中全体模 p 的平方剩余之和等于 $\dfrac{p(p-1)}{4}$。

(5) $1、2、\cdots、p-1$ 中全体模 p 的平方非剩余之和等于 $\dfrac{p(p-1)}{4}$。

题 7-10　计算下列勒让德符号：
$$\left(\frac{13}{47}\right),\left(\frac{30}{53}\right),\left(\frac{71}{73}\right),\left(\frac{-35}{97}\right),\left(\frac{-23}{131}\right),\left(\frac{7}{223}\right),$$
$$\left(\frac{-105}{223}\right),\left(\frac{91}{563}\right),\left(\frac{-70}{571}\right),\left(\frac{-286}{647}\right)$$

题 7-11　判断下列同余式是否有解：

(1) $x^2 \equiv 7 \pmod{227}$。

(2) $x^2 \equiv 11 \pmod{511}$。

题 7-12

(1) 求以 -3 为其平方剩余的全体素数。

(2) 求以 ± 3 为其平方剩余的全体素数。

(3) 求以 ± 3 为其平方非剩余的全体素数。

(4) 求以 3 为其平方剩余、-3 为其平方非剩余的全体素数。

(5) 求以 3 为其平方非剩余、-3 为其平方剩余的全体素数。

(6) 求 $100^2-3、150^2+3$ 的素数因子分解式。

题 7-13　求以 3 为其平方非剩余、2 为其平方剩余的全体素数。

题 7-14

(1) $\left(\dfrac{5}{p}\right)=1$ 的全体素数 p。

(2) $\left(\dfrac{5}{p}\right)=-1$ 的全体素数 p。

(3) $121^2 \pm 5,82^2 \pm 5\times 11^2,273^2 \pm 5\times 11^2$ 的素数因子分解式。

题 7-15

(1) 求 $\left(\dfrac{-2}{p}\right)=1$ 的全体素数 p。

(2) 式 $\left(\dfrac{10}{p}\right)=1$ 的全体素数 p。

(3) 求使 $x^2 \equiv 13 \pmod{p}$ 有解的全体素数 p。

(4) 证明 n^4-n^2+1 的素因子 $\equiv 1 \pmod{12}$。

题 7-16　证明下列形式的素数有无穷多个：$8k-1,8k+3,8k-3$。

题 7-17　设素数 $p=4m+1,d\mid m$。证明 $\left(\dfrac{d}{p}\right)=1$。

题 7-18 计算雅可比符号:

$$\left(\frac{51}{71}\right),\left(\frac{-35}{97}\right),\left(\frac{313}{401}\right),\left(\frac{165}{503}\right)$$

题 7-19 判断下列同余式是否有解:

(1) $x^2 \equiv 118 \pmod{229}$。

(2) $x^2 \equiv 681 \pmod{1789}$。

题 7-20 设 a、b 是正整数,2 不能整除 b。证明对雅可比符号有:

$$\left(\frac{a}{2a+b}\right)=\begin{cases}\left(\dfrac{a}{b}\right), & a \equiv 0,1 \pmod 4 \\ -\left(\dfrac{a}{b}\right), & a \equiv 2,3 \pmod 4\end{cases}$$

原根与离散对数   第 8 章

原根的概念类似于循环群的生成元和有限域中的本原元,本章讨论原根及相关的离散对数。离散对数在公钥密码中具有非常重要的应用。

8.1   指数与原根

已经知道,如果 m 是大于 1 的正整数,则与 m 互素的 $\varphi(m)$ 个剩余类构成一个乘法群,对于群中的任意元素 r 都有

$$\bar{r}^{\varphi(m)} = \bar{1}$$

因此对于这些剩余类中任意代表 a 有

$$a^{\varphi(m)} \equiv 1 \pmod{m}$$

换句话说,即如果 $(a,m)=1$,则

$$a^{\varphi(m)} \equiv 1 \pmod{m}$$

这就是之前描述过的欧拉定理。于是可以说,如果 $(a,m)=1$,则一定存在 d 使

$$a^d \equiv 1 \pmod{m}$$

成立,而使上式成立的最小的 d 是有特殊意义的。

定义 8-1   设 m 是大于 1 的正整数,如果 $(a,m)=1$,则使同余式

$$a^d \equiv 1 \pmod{m} \tag{8-1}$$

成立的最小正整数 d 称为 a 对模 m 的**指数**(或阶),记为 $\mathrm{ord}_m(a)$。

如果 a 对模 m 的指数是 $\varphi(m)$,则 a 称为模 m 的一个**原根**。

例 8-1   因为

$$2^2 \equiv 4 \pmod{7}$$
$$2^3 \equiv 1 \pmod{7}$$

所以 $\mathrm{ord}_7(2)=3$。

因为

$$2^2 \equiv 4 \pmod{11}$$
$$2^3 \equiv 8 \pmod{11}$$

$$2^4 \equiv 5 \pmod{11}$$
$$2^5 \equiv -1 \pmod{11}$$
$$2^6 \equiv -2 \pmod{11}$$
$$2^7 \equiv -4 \pmod{11}$$
$$2^8 \equiv -8 \pmod{11}$$
$$2^9 \equiv -5 \pmod{11}$$
$$2^{10} \equiv 1 \pmod{11}$$

所以 $\text{ord}_{11}(2)=10$，而又 $\varphi(11)=10$，则 2 是模 11 的一个原根。

这里再次指出：与 m 互素的 $\varphi(m)$ 个剩余类构成一个乘法群 S_m。于是，显然一个数 a 对模 m 的指数 $\text{ord}_m(a)$ 就是它所在剩余类 $\bar{a}$ 在群中的阶，如果模 m 存在原根，则 S_m 构成一个乘法循环群，而原根就是 S_m 中的生成元。

指数具有比较丰富的基本性质，为了便于读者阅读，下面先列出这些性质，然后再分别证明。

在下列性质中，都假设 m 是大于 1 的正整数，$(a,m)=1$，a 对模 m 的阶为 $\text{ord}_m(a)$。

性质 1. 如果 $a \equiv b \pmod{m}$，则
$$\text{ord}_m(a) = \text{ord}_m(b) \tag{8-2}$$

性质 2. $a^d \equiv 1 \pmod{m}$ 的充分必要条件是：
$$\text{ord}_m(a) \mid d$$

性质 3. $\text{ord}_m(a) \mid \varphi(m)$。

性质 3 说明任意整数的指数都是 $\varphi(m)$ 的因子，这是有限群中任何元素的阶都是群的阶的因子的直接推论。

性质 4. 设 a^{-1} 是 a 模 m 的逆元，即 $a^{-1}a \equiv 1 \pmod{m}$，则
$$\text{ord}_m(a^{-1}) = \text{ord}_m(a) \tag{8-3}$$

性质 5. 下列 $\text{ord}_m(a)$ 个数：
$$1 = a^0, a, \cdots, a^{\text{ord}_m(a)-1}$$
模 m 两两不同余。特别地，当 a 是模 m 原根时，即 $\text{ord}_m(a)=\varphi(m)$ 时，这 $\varphi(m)$ 个数构成模 m 简化剩余系。

性质 6. $a^d \equiv a^k \pmod{m}$，则
$$d \equiv k \pmod{\text{ord}_m(a)} \tag{8-4}$$

性质 7. 设 k 为非负整数，则
$$\text{ord}_m(a^k) = \frac{\text{ord}_m(a)}{(\text{ord}_m(a),k)} \tag{8-5}$$
而且在模 m 的简化剩余系中，至少有 $\varphi(\text{ord}_m(a))$ 个数对模 m 的指数等于 $\text{ord}_m(a)$。

特别地，如果 a 是一个模 m 的原根，则 a^k 也是模 m 的原根的充分必要条件是
$$(\varphi(m),k) = 1 \tag{8-6}$$

性质 8. 如果模 m 存在一个原根，则模 m 共有 $\varphi(\varphi(m))$ 个不同的原根。

性质 9. $\text{ord}_m(ab)=\text{ord}_m(a)\text{ord}_m(b)$ 的充分必要条件是
$$(\text{ord}_m(a),\text{ord}_m(b)) = 1 \tag{8-7}$$

性质 10.

(1) 如果 $n \mid m$，则

$$\mathrm{ord}_n(a) \mid \mathrm{ord}_m(a)$$

(2) 如果 $(m_2, m_1) = 1$,则

$$\mathrm{ord}_{m_1 m_2}(a) = [\mathrm{ord}_{m_1}(a), \mathrm{ord}_{m_2}(a)] \tag{8-8}$$

性质 11. 如果 $(m_2, m_1) = 1$,则对任意整数 a_1、a_2,必存在 a 使得

$$\mathrm{ord}_{m_1 m_2}(a) = [\mathrm{ord}_{m_1}(a_1), \mathrm{ord}_{m_2}(a_2)] \tag{8-9}$$

下面分别证明上面的性质。在证明过程中,分别从群的结论和数论的结论证明这些性质,以便读者从多个方面深入理解这些性质。

性质 1 证明: 方法一,从群的结论出发。显然 a、b 属于模 m 同一剩余类 $\bar{a}$(或 $\bar{b}$),或者说 a、b 是模 m 同一剩余类 $\bar{a}$(或 $\bar{b}$)的两个代表,它们的指数就是 $\bar{a}$(或 $\bar{b}$)的阶,因此有

$$\mathrm{ord}_m(a) = \mathrm{ord}_m(b)$$

方法二,直接证明。由 $a \equiv b \pmod m$,有

$$a^{\mathrm{ord}_m(b)} \equiv b^{\mathrm{ord}_m(b)} \equiv 1 \pmod m$$

而 $\mathrm{ord}_m(a)$ 是使 $a^d \equiv 1 \pmod m$ 成立的最小正整数,所以

$$\mathrm{ord}_m(b) \geqslant \mathrm{ord}_m(a)$$

同样可证

$$\mathrm{ord}_m(a) \geqslant \mathrm{ord}_m(b)$$

故

$$\mathrm{ord}_m(a) = \mathrm{ord}_m(b)$$

性质 2 证明: 方法一,从群的结论出发。这是群中下述结论的直接结果:设元素 c 的阶是 n,则 $c^i = 1$,当且仅当 $n \mid i$。

方法二,直接证明。必要条件证明:做带余除法

$$d = q \cdot \mathrm{ord}_m(a) + r, \quad r < \mathrm{ord}_m(a)$$

于是

$$a^d = a^{q \cdot \mathrm{ord}_m(a) + r} = a^{q \cdot \mathrm{ord}_m(a)} a^r \equiv a^r \equiv 1 \pmod m$$

由于 $\mathrm{ord}_m(a)$ 是使 $a^d \equiv 1 \pmod m$ 成立的最小正整数,所以 $r = 0$。故

$$\mathrm{ord}_m(a) \mid d$$

充分条件也很容易得证,留给读者练习。

性质 3 证明: 方法一,从群的结论出发。群 S_m 的阶是 $\varphi(m)$,元素的阶都是 $\varphi(m)$ 的因子,因此得证。

方法二,直接证明。由欧拉定理和性质 2 立即得到。

性质 4 证明: 方法一,从群的结论出发。这是群中下述结论的直接结果:一个元素逆元的阶和这个元素的阶相同。

方法二,直接证明。有

$$(a^{-1})^{\mathrm{ord}_m(a)} \equiv (a^{-1})^{\mathrm{ord}_m(a)} (a)^{\mathrm{ord}_m(a)} \equiv (a^{-1} a)^{\mathrm{ord}_m(a)} \equiv 1 \pmod m$$

如果还存在 $d < \mathrm{ord}_m(a)$,使

$$(a^{-1})^d \equiv 1 \pmod m$$

则

$$a^d \equiv a^d (a^{-1})^d \equiv (a a^{-1})^d \equiv 1 \pmod m$$

这与 $\mathrm{ord}_m(a)$ 的定义矛盾,故

$$\mathrm{ord}_m(a^{-1}) = \mathrm{ord}_m(a)$$

性质 5 证明：方法一，从群的结论出发。这是群中下述结论的直接结果：群中 n 阶元素的各次幂生成一个 n 阶循环群。

方法二，直接证明。用反证法。

假设存在 $0 \leqslant i < j < \mathrm{ord}_m(a)$ 使

$$a^i \equiv a^j (\mathrm{mod}\ m)$$

则

$$a^i(a^{j-i} - 1) \equiv 0\ (\mathrm{mod}\ m)$$

由于 $(a,m)=1$，于是

$$a^{j-i} - 1 \equiv 0\ (\mathrm{mod}\ m)$$
$$a^{j-i} \equiv 1\ (\mathrm{mod}\ m)$$

而 $j-i < \mathrm{ord}_m(a)$，这与 $\mathrm{ord}_m(a)$ 是 a 对模 m 的指数相矛盾，故得证。

性质 6 证明：方法一，从群的结论出发。不妨设 $d > k$。S_m 中元素 $\bar{a}$ 的阶为 $\mathrm{ord}_m(a)$。由 $a^d \equiv a^k (\mathrm{mod}\ m)$ 有

$$(\bar{a})^d = (\bar{a})^k$$

由群中的消去律得

$$(\bar{a})^{d-k} = 1$$

于是

$$\mathrm{ord}_m(a) \mid (d-k)$$

即

$$d \equiv k\ (\mathrm{mod}\ \mathrm{ord}_m(a))$$

方法二，直接证明。不妨设 $d > k$。由 $a^d \equiv a^k (\mathrm{mod}\ m)$ 和 $(a,m)=1$，有

$$a^{d-k} \equiv 1\ (\mathrm{mod}\ m)$$

由性质 2 有

$$\mathrm{ord}_m(a) \mid (d-k)$$

故

$$d \equiv k\ (\mathrm{mod}\ \mathrm{ord}_m(a))$$

性质 7 证明：方法一，从群的结论出发。这是群中下述结论的直接结果：如果元素 c 的阶是 n，则 c^k 的阶为 $\dfrac{n}{(k,n)}$。

方法二，直接证明。设 $l = \dfrac{\mathrm{ord}_m(a)}{(\mathrm{ord}_m(a),k)}$。由于 $(\mathrm{ord}_m(a),k) \mid k$，则

$$\mathrm{ord}_m(a) \mid \left(k\,\frac{\mathrm{ord}_m(a)}{(\mathrm{ord}_m(a),k)} \right)$$

于是由性质 2 有

$$(a^k)^l \equiv (a^{kl}) \equiv 1\ (\mathrm{mod}\ m)$$

而如果

$$(a^k)^i \equiv (a^{ki}) \equiv 1\ (\mathrm{mod}\ m)$$

则

$$\mathrm{ord}_m(a) \mid ki$$

$$\frac{\mathrm{ord}_m(a)}{(\mathrm{ord}_m(a),k)} \mid \frac{k}{(\mathrm{ord}_m(a),k)}i$$

因为

$$\left(\frac{\mathrm{ord}_m(a)}{(\mathrm{ord}_m(a),k)}, \frac{k}{(\mathrm{ord}_m(a),k)}\right) = 1$$

所以

$$\frac{\mathrm{ord}_m(a)}{(\mathrm{ord}_m(a),k)} \mid i$$

故

$$\mathrm{ord}_m(a^k) = \frac{\mathrm{ord}_m(a)}{(\mathrm{ord}_m(a),k)}$$

性质的其余部分很容易得到。

性质 8 证明：这是性质 7 的一个直接推论。

性质 9 证明：方法一，从群的结论出发。这只要证明ab的阶等于$(\overline{a}$的阶$)\times(\overline{b}$的阶$)$的充分必要条件是$(\overline{a}$的阶$,\overline{b}$的阶$)=1$。证明过程与下面直接证明过程很相似,故略去。有兴趣的读者可以自己练习。

方法二，直接证明。充分条件证明：首先有

$$(ab)^{\mathrm{ord}_m(a)\mathrm{ord}_m(b)} = (a^{\mathrm{ord}_m(a)})^{\mathrm{ord}_m(b)}(b^{\mathrm{ord}_m(b)})^{\mathrm{ord}_m(a)} \equiv 1(\mathrm{mod}\ m)$$

如果存在 i 使得

$$(ab)^i = a^i b^i \equiv 1\ (\mathrm{mod}\ m)$$

则

$$\mathrm{ord}_m(a) \mid i, \mathrm{ord}_m(b) \mid i$$

因为$(\mathrm{ord}_m(a),\mathrm{ord}_m(b))=1$,所以

$$\mathrm{ord}_m(a)\mathrm{ord}_m(b) \mid i$$

故

$$\mathrm{ord}_m(ab) = \mathrm{ord}_m(a)\mathrm{ord}_m(b)$$

必要条件证明：有

$$(ab)^{[\mathrm{ord}_m(a),\mathrm{ord}_m(b)]} = a^{[\mathrm{ord}_m(a),\mathrm{ord}_m(b)]}b^{[\mathrm{ord}_m(a),\mathrm{ord}_m(b)]} \equiv 1(\mathrm{mod}\ m)$$

于是由 $\mathrm{ord}_m(ab)=\mathrm{ord}_m(a)\mathrm{ord}_m(b)$ 得

$$\mathrm{ord}_m(a)\mathrm{ord}_m(b) \mid [\mathrm{ord}_m(a),\mathrm{ord}_m(b)]$$

故

$$(\mathrm{ord}_m(a),\mathrm{ord}_m(b)) = 1$$

性质 10 证明：

(1) 有

$$n \mid a^{\mathrm{ord}_n(a)}-1, m \mid a^{\mathrm{ord}_m(a)}-1$$

由于 $n \mid m$,则

$$n \mid a^{\mathrm{ord}_m(a)}-1$$

于是

$$a^{\mathrm{ord}_m(a)} \equiv 1(\mathrm{mod}\ n)$$

故

$$\mathrm{ord}_n(a) \mid \mathrm{ord}_m(a)$$

(2) 有

$$a^{[\mathrm{ord}_{m_1}(a),\mathrm{ord}_{m_2}(a)]} \equiv 1(\mathrm{mod}\ m_1), a^{[\mathrm{ord}_{m_1}(a),\mathrm{ord}_{m_2}(a)]} \equiv 1(\mathrm{mod}\ m_2)$$

由于 $(m_2,m_1)=1$,则

$$a^{[\mathrm{ord}_{m_1}(a),\mathrm{ord}_{m_2}(a)]} \equiv 1(\mathrm{mod}\ m_1 m_2)$$

如果存在 i 使得

$$a^i \equiv 1(\mathrm{mod}\ m_1 m_2)$$

则

$$a^i \equiv 1(\mathrm{mod}\ m_1), \quad a^i \equiv 1(\mathrm{mod}\ m_2)$$

于是

$$\mathrm{ord}_{m_1}(a) \mid i, \mathrm{ord}_{m_2}(a) \mid i$$

因此

$$[\mathrm{ord}_{m_1}(a),\mathrm{ord}_{m_2}(a)] \mid i$$

故

$$\mathrm{ord}_{m_1 m_2}(a) = [\mathrm{ord}_{m_1}(a),\mathrm{ord}_{m_2}(a)]$$

性质 11 证明:考虑同余式组

$$x \equiv a_1(\mathrm{mod}\ m_1)$$
$$x \equiv a_2(\mathrm{mod}\ m_2)$$

由于 $(m_2,m_1)=1$,则由中国剩余定理有

$$x \equiv a\ (\mathrm{mod}\ m_1 m_2)$$

由性质 1 有:

$$\mathrm{ord}_{m_1}(a) = \mathrm{ord}_{m_1}(a_1), \quad \mathrm{ord}_{m_2}(a) = \mathrm{ord}_{m_2}(a_2)$$

再由性质 10 得证。

8.2 原根的存在性

对于任意模 m,原根并不一定存在。

例 8-2 模 12 不存在原根。

$\varphi(12)=4$。模 12 的最小非负简化剩余系为 $\{1,5,7,11\}$。

$1^1\equiv 1\ (\mathrm{mod}\ 12), 5^2\equiv 1\ (\mathrm{mod}\ 12), 7^2\equiv 1\ (\mathrm{mod}\ 12), 11^2\equiv 1\ (\mathrm{mod}\ 12)$。

所以模 12 不存在原根。

已经知道,当 p 是素数时,模 p 剩余类构成有限域 $\mathrm{GF}(p)$,域中存在本原元,显然这个本原元是 $\mathrm{GF}(p)$ 中非零元构成的循环群的生成元,也就是模 p 的原根。于是有下面的定理并给予直接证明。定理只涉及奇素数。容易验证,唯一的偶素数 2 的情形下 1 是原根。

定理 8-1 如果 p 是奇素数,则存在模 p 的原根。

证明:模 p 的简化剩余系是

$$\{1,2,\cdots,p-1\}$$

设它们的所有不同指数为

$$d_1, d_2, \cdots, d_r$$

令 D 是它们的最小公倍数，即 $D = [d_1, d_2, \cdots, d_r]$。设 D 的标准分解式为

$$D = q_1^{a_1} q_2^{a_2} \cdots q_k^{a_k}$$

于是对于一个 $q_j^{a_j}$ 存在一个 d_i 使

$$d_i = a q_j^{a_j}$$

设

$$\operatorname{ord}_p(x) = d_i = a q_j^{a_j}$$

则有

$$\operatorname{ord}_p(x^a) = \frac{a q_j^{a_j}}{(a q_j^{a_j}, a)} = \frac{a q_j^{a_j}}{a} = q_j^{a_j} \tag{8-10}$$

所以对于 k 个 $q_j^{a_j}$，存在 k 个 x^a（设它们为 y_1、y_2、$\cdots$、y_k），它们的指数跑遍这 k 个 $q_j^{a_j}$。由于这 k 个 $q_j^{a_j}$ 两两互素，由 8.1 节的性质 9，有

$$Y = y_1 y_2 \cdots y_k$$

的指数等于 D。

下面考察 D 与 $\varphi(p) = p-1$ 的关系。一方面有

$$D \mid p-1$$

另一方面，简化剩余系中的每个数都是同余式

$$x^D \equiv 1 \pmod{p}$$

的解，则该同余式有 $p-1$ 个解，因此

$$D \geqslant p-1$$

于是最后有

$$D = p-1 \tag{8-11}$$

这说明 Y 就是模 p 的原根。定理证毕。

对于一般原根存在的条件，有下面的定理。

定理 8-2　模 m 的原根存在的充分必要条件是

$$m = 2, 4, p^a, 2p^a$$

其中 p 是奇素数，$a \geqslant 1$。

定理 8-1 是 $a=1$ 时 p^a 的特例。当 $m=2$ 时，1 是原根。当 $m=4$ 时，3 是原根。

定理 8-2 的证明超出了本书的范围。定理 8-2 说明，只有当 $m=2, 4, p^a, 2p^a$ 时，与 m 互素的剩余类才构成一个循环群并具有生成元。

下面的定理给出了求原根的一个方法。

定理 8-3　设 $\varphi(m)$ 的不同素因子为

$$q_1, q_2, \cdots, q_k$$

则 $g((g, m) = 1)$ 是模 m 的一个原根的充分必要条件是

$$g^{\frac{\varphi(m)}{q_i}} \neq 1 \pmod{m}, \quad i = 1, 2, \cdots, k$$

证明：必要条件是显然的，因为 $\varphi(m)$ 是使

$$g^n \equiv 1 \pmod{m}$$

的最小正整数。

充分条件证明。用反证法。

假设 g 不是模 m 的原根,即它的指数 $\mathrm{ord}_m(g) \neq \varphi(m)$,那么有

$$\mathrm{ord}_m(g) \mid \varphi(m)$$

于是必有一个 q_i 使

$$q_i \ \bigg| \ \frac{\varphi(m)}{\mathrm{ord}_m(g)}$$

则

$$\frac{\varphi(m)}{\mathrm{ord}_m(g)} = q_i s$$

$$\frac{\varphi(m)}{q_i} = \mathrm{ord}_m(g) s$$

所以

$$g^{\frac{\varphi(m)}{q_i}} = g^{\mathrm{ord}_m(g)s} \equiv 1 (\mathrm{mod}\ m)$$

得到矛盾结果。故 g 是模 m 的原根。

例 8-3 设 $m = 41$,则 $\varphi(41) = 40 = 2^3 \times 5$,$q_1 = 2$,$q_2 = 5$,于是

$$\frac{\varphi(m)}{q_1} = 20$$

$$\frac{\varphi(m)}{q_2} = 8$$

所以 g 是模 41 原根的充分必要条件是:

$$g^8 \neq 1\ (\mathrm{mod}\ 41), \quad g^{20} \neq 1\ (\mathrm{mod}\ 41), \quad (g, 41) = 1$$

下面对模 41 的简化是剩余系进行逐一验证。

$$1^8 \equiv 1\ (\mathrm{mod}\ 41)$$

$$2^8 \equiv 10\ (\mathrm{mod}\ 41), \quad 2^{20} \equiv 1\ (\mathrm{mod}\ 41)$$

$$3^8 \equiv 1\ (\mathrm{mod}\ 41)$$

$$4^8 \equiv 18\ (\mathrm{mod}\ 41), \quad 4^{20} \equiv 1\ (\mathrm{mod}\ 41)$$

$$5^8 \equiv 18\ (\mathrm{mod}\ 41), \quad 5^{20} \equiv 1\ (\mathrm{mod}\ 41)$$

$$6^8 \equiv 10\ (\mathrm{mod}\ 41) \neq 1\ (\mathrm{mod}\ 41), \quad 6^{20} \equiv 40\ (\mathrm{mod}\ 41) \neq 1\ (\mathrm{mod}\ 41)$$

故 6 是模 41 的一个原根。

当找到一个原根以后,可以计算出其他原根。由于 $(d, \varphi(m)) = 1$ 时,

$$\mathrm{ord}_m(g) = \mathrm{ord}_m(g^d)$$

当 d 遍历模 $\varphi(m) = 40$ 的简化剩余系时,g^d 遍历模 41 的所有原根。由于模 40 的简化剩余系为

$$1, 3, 7, 9, 11, 13, 17, 19, 21, 23, 27, 29, 31, 33, 37, 39$$

所以模 41 的所有原根为

$$6^1 \equiv 6\ \mathrm{mod}\ (\mathrm{mod}\ 41)$$

$$6^3 \equiv 11\ \mathrm{mod}\ (\mathrm{mod}\ 41)$$

$$6^7 \equiv 29\ \mathrm{mod}\ (\mathrm{mod}\ 41)$$

$$6^9 \equiv 19\ \mathrm{mod}\ (\mathrm{mod}\ 41)$$

$$6^{11} \equiv 28\ \mathrm{mod}\ (\mathrm{mod}\ 41)$$

$$6^{13} \equiv 24\ \mathrm{mod}\ (\mathrm{mod}\ 41)$$

$$6^{17} \equiv 26 \bmod (\bmod\ 41)$$
$$6^{19} \equiv 34 \bmod (\bmod\ 41)$$
$$6^{21} \equiv 35 \bmod (\bmod\ 41)$$
$$6^{23} \equiv 30 \bmod (\bmod\ 41)$$
$$6^{27} \equiv 12 \bmod (\bmod\ 41)$$
$$6^{29} \equiv 22 \bmod (\bmod\ 41)$$
$$6^{31} \equiv 13 \bmod (\bmod\ 41)$$
$$6^{33} \equiv 17 \bmod (\bmod\ 41)$$
$$6^{37} \equiv 15 \bmod (\bmod\ 41)$$
$$6^{39} \equiv 7 \bmod (\bmod\ 41)$$

例 8-3 中的模 41 并不是个很大的数，所以能够很快求出一个原根。应该指出的是，当 m 相当大时，由于 $\varphi(m)$ 分解的难度和逐一验证的繁杂，该方法并不实用，这是它的很大不足。

8.3　离散对数

如果模 m 有一个原根 g，则

$$g^0 = 1, g^1, g^2, \cdots, g^{\varphi(m)-1}$$

组成模 m 的一个简化剩余系。这也就是说对于任一整数 $a, (a,m)=1$，都可以唯一地表示为

$$a \equiv g^\gamma (\bmod\ m), \quad 0 \leqslant \gamma \leqslant \varphi(m)-1$$

这说明当模 m 有原根时，模 m 的简化剩余系与模 $\varphi(m)$ 的完全剩余系之间可以建立一一对应关系，如图 8-1 所示。

模 $\varphi(m)$ 的完全剩余系	0	1	2	$\cdots$	$\varphi(m)-1$
模 m 的简化剩余系	1	g	g^2	$\cdots$	$g^{\varphi(m)-1}$

图 8-1　模 m 的简化剩余系与模 $\varphi(m)$ 的完全剩余系的对应关系

例 8-4　$18 = 2 \times 3^2$，属于 $2p^\alpha$ 的形式，所以模 18 存在原根，可以求出模 18 的一个原根是 5，则模 18 的简化剩余系与模 $\varphi(18)=6$ 的完全剩余系的一一对应关系，如图 8-2 所示。

模 $\varphi(18)$ 的完全剩余系	0	1	2	3	4	5
模 18 的简化剩余系	1	5	7	17	13	11

图 8-2　例 8-4 题图

上面的讨论可以归结为下面的定理。

定理 8-4　设 g 是模 m 的一个原根。如果 γ 跑遍模 $\varphi(m)$ 的最小非负完全剩余系，则 g^γ 跑遍模 m 的一个简化剩余系。

现在引入**离散对数**的概念。

定义 8-2　设 g 是模 m 的一个原根。对于任一整数 $a, (a,m)=1$，都有

$$a \equiv g^\gamma (\bmod\ m), \quad 0 \leqslant \gamma \leqslant \varphi(m) \tag{8-12}$$

把 γ 称为以 g 为底的 a 对模 m 的离散对数，记为 $\mathrm{ind}_g a$。离散对数也称为**指标**。

之所以称为离散对数,是因为它定义在离散的整数集合上,而不是像普通对数那样定义在连续的实数集合上。

由于 $g^{\varphi(m)} \equiv 1 \pmod m$,所以有

$$a \equiv g^{\gamma+k\varphi(m)} \pmod m$$

其中 k 为整数。或者说,如果 $\beta \equiv \gamma \pmod{\varphi(m)}$,就有

$$a \equiv g^{\beta} \pmod m$$

这表明离散对数 γ 是使 $a \equiv g^{\beta} \pmod m$ 成立的最小正整数。

例 8-5 以 5 为底模 18 的离散对数如图 8-3 所示。

a	1	5	7	11	13	17
γ	0	1	2	5	4	3

图 8-3 例 8-5 题图

显然如果 $a \equiv b \pmod m$,则

$$\mathrm{ind}_g a = \mathrm{ind}_g b$$

即同一剩余类对模 m 的离散对数是相等的。反之,如果 $\mathrm{ind}_g a = \mathrm{ind}_g b$,则

$$a \equiv b \pmod m$$

即 a、b 属于同一剩余类。

在例 8-5 中,以 5 为底 $7+18k$(k 为整数)对模 18 的离散对数为 2,以 5 为底 $13+18k$ 对模 18 的离散对数为 4,等等。

离散对数具有下列与普通对数相似的性质。

性质 1. $\mathrm{ind}_g 1 = 0$,$\mathrm{ind}_g g = 1$。

性质 2. $\mathrm{ind}_g(ab) \equiv \mathrm{ind}_g a + \mathrm{ind}_g b \pmod{\varphi(m)}$。

性质 3. $\mathrm{ind}_g a^n \equiv n \cdot \mathrm{ind}_g a \pmod{\varphi(m)}$,其中 $n \geq 1$。

性质 4. 如果 g_1 也是模 m 的一个原根,则

$$\mathrm{ind}_g a \equiv \mathrm{ind}_{g_1} a \cdot \mathrm{ind}_g g_1 \pmod{\varphi(m)} \qquad (8\text{-}13)$$

证明:性质 1 显然。

性质 2 证明:

因为

$$a \equiv g^{\mathrm{ind}_g a} \pmod m$$
$$b \equiv g^{\mathrm{ind}_g b} \pmod m$$
$$ab \equiv g^{\mathrm{ind}_g ab} \pmod m$$

所以

$$g^{\mathrm{ind}_g ab} \equiv g^{\mathrm{ind}_g a} g^{\mathrm{ind}_g b} \equiv g^{\mathrm{ind}_g a + \mathrm{ind}_g b} \pmod m$$

由欧拉定理 $g^{\varphi(m)} \equiv 1 \pmod m$,故

$$\mathrm{ind}_g(ab) \equiv \mathrm{ind}_g a + \mathrm{ind}_g b \pmod{\varphi(m)} \qquad (8\text{-}14)$$

性质 3 是性质 2 的直接推论。

性质 4 证明:

设 $\gamma = \mathrm{ind}_g a$,$\gamma_1 = \mathrm{ind}_{g_1} a$,$\beta = \mathrm{ind}_g g_1$,则

$$a \equiv g^{\gamma} \pmod m$$

$$a \equiv g^{\gamma_1} (\mathrm{mod}\ m)$$

$$g_1 \equiv g^{\beta} (\mathrm{mod}\ m)$$

于是

$$g^{\gamma} \equiv g_1^{\gamma_1} \equiv (g^{\beta})^{\gamma_1} \equiv g^{\gamma_1 \beta} (\mathrm{mod}\ m)$$

故

$$\gamma \equiv \gamma_1 \beta\ (\mathrm{mod} \varphi(m))$$

性质证毕。

现在讨论指数 $\mathrm{ord}_m(a)$ 与离散对数 $\mathrm{ind}_g a$ 的关系。由于 g 的指数是 $\varphi(m)$，而

$$a \equiv g^{\mathrm{ind}_g a} (\mathrm{mod}\ m)$$

所以

$$\mathrm{ord}_m(a) = \frac{\varphi(m)}{(\varphi(m),\ \mathrm{ind}_g a)} \tag{8-15}$$

离散对数也和普通对数一样可制成方便可查的离散对数表。

例 8-6 6 是模 41 的一个原根，制作以 6 为底模 41 的离散对数表。

解：以 6 为底，可以计算出：

$6^0 \equiv 1 (\mathrm{mod}\ 41)$,	$6^1 \equiv 6 (\mathrm{mod}\ 41)$,	$6^2 \equiv 36 (\mathrm{mod}\ 41)$,	$6^3 \equiv 11 (\mathrm{mod}\ 41)$,
$6^4 \equiv 25 (\mathrm{mod}\ 41)$,	$6^5 \equiv 27 (\mathrm{mod}\ 41)$,	$6^6 \equiv 39 (\mathrm{mod}\ 41)$,	$6^7 \equiv 29 (\mathrm{mod}\ 41)$,
$6^8 \equiv 10 (\mathrm{mod}\ 41)$,	$6^9 \equiv 19 (\mathrm{mod}\ 41)$,	$6^{10} \equiv 32 (\mathrm{mod}\ 41)$,	$6^{11} \equiv 28 (\mathrm{mod}\ 41)$,
$6^{12} \equiv 4 (\mathrm{mod}\ 41)$,	$6^{13} \equiv 24 (\mathrm{mod}\ 41)$,	$6^{14} \equiv 21 (\mathrm{mod}\ 41)$,	$6^{15} \equiv 3 (\mathrm{mod}\ 41)$,
$6^{16} \equiv 18 (\mathrm{mod}\ 41)$,	$6^{17} \equiv 26 (\mathrm{mod}\ 41)$,	$6^{18} \equiv 33 (\mathrm{mod}\ 41)$,	$6^{19} \equiv 34 (\mathrm{mod}\ 41)$,
$6^{20} \equiv 40 (\mathrm{mod}\ 41)$,	$6^{21} \equiv 35 (\mathrm{mod}\ 41)$,	$6^{22} \equiv 5 (\mathrm{mod}\ 41)$,	$6^{23} \equiv 30 (\mathrm{mod}\ 41)$,
$6^{24} \equiv 16 (\mathrm{mod}\ 41)$,	$6^{25} \equiv 14 (\mathrm{mod}\ 41)$,	$6^{26} \equiv 2 (\mathrm{mod}\ 41)$,	$6^{27} \equiv 12 (\mathrm{mod}\ 41)$,
$6^{28} \equiv 31 (\mathrm{mod}\ 41)$,	$6^{29} \equiv 22 (\mathrm{mod}\ 41)$,	$6^{30} \equiv 9 (\mathrm{mod}\ 41)$,	$6^{31} \equiv 13 (\mathrm{mod}\ 41)$,
$6^{32} \equiv 37 (\mathrm{mod}\ 41)$,	$6^{33} \equiv 17 (\mathrm{mod}\ 41)$,	$6^{34} \equiv 20 (\mathrm{mod}\ 41)$,	$6^{35} \equiv 38 (\mathrm{mod}\ 41)$,
$6^{36} \equiv 23 (\mathrm{mod}\ 41)$,	$6^{37} \equiv 15 (\mathrm{mod}\ 41)$,	$6^{38} \equiv 8 (\mathrm{mod}\ 41)$,	$6^{39} \equiv 7 (\mathrm{mod}\ 41)$

现在制作以 6 为底模 41 的离散对数表。其中第一纵行是十位数字，第一横行是个位数字，如表 8-1 所示。

表 8-1　离散对数表

	0	1	2	3	4	5	6	7	8	9
0		0	26	15	12	22	1	39	38	30
1	8	3	27	31	25	37	24	33	16	9
2	34	14	29	36	13	4	17	5	11	7
3	23	28	10	18	19	21	2	32	35	6
4	20									

由表 8-1 可以迅速查出 $\mathrm{ind}_6 28 = 11$, $\mathrm{ind}_6 30 = 23$。

离散对数在密码学中具有非常重要的意义。这是因为给定 m、g、$\mathrm{ind}_g a$ 时，存在有效的算法计算 $a \equiv g^{\mathrm{ind}_g a} (\mathrm{mod}\ m)$。但给定 m、g、a 时，某些条件下（例如 m 是一个大素数时）计算 $\mathrm{ind}_g a$ 会非常困难，这就是所谓的离散对数难解问题，是构造公钥密码体制的重要基础之一。

8.4 模幂算法

在密码学中经常会遇到计算 $y \equiv g^x \pmod m$ 的情况。例如计算 $g^{16} \pmod{41}$，如果直接计算的话，需要做 15 次乘法，然而如果重复对每个部分结果做平方运算，则只需要 4 次乘法，即求 g^2、g^4、g^8、g^{16}。下面描述其原理。

将 x 表示成二进制形式，即

$$x = c_k 2^k + c_{k-1} 2^{k-1} + \cdots + c_1 2 + c_0 \tag{8-16}$$

因此

$$g^x = g^{c_k 2^k + c_{k-1} 2^{k-1} + \cdots + c_1 2 + c_0} = g^{c_k 2^k} g^{c_{k-1} 2^{k-1}} \cdots g^{c_1 2} g^{c_0} = (\cdots ((g^{c_k})^2 g^{c_{k-1}})^2 \cdots g^{c_1})^2 g^{c_0} \tag{8-17}$$

下面给出具体的算法。

输入：g、x 和 m

输出：$y \equiv g^x \pmod m$

(1) 将 x 表示成二进制形式 $x = c_k 2^k + c_{k-1} 2^{k-1} + \cdots + c_1 2 + c_0$；

(2) $a \leftarrow 0$；$b \leftarrow 1$；

(3) $i \leftarrow k$

while($i \geqslant 0$) do

(i) $a \leftarrow 2 \times a$；

(ii) $b \leftarrow b \times b \pmod m$；

(iii) if $c_i = 1$ then

{

$a \leftarrow a + 1$

$b \leftarrow b \times g \pmod m$

}

(4) return b.

例 8-7　求 $6^{16} \pmod{41}$ 和 $6^{17} \pmod{41}$.

解　将 16 表示出二进制形式 10000，算法过程如表 8-2 所示。

表 8-2　$6^{16} \pmod{41}$ 的运算过程

i		4	3	2	1	0
c_i		1	0	0	0	0
a	0	1	2	4	8	16
b	1	6	36	25	10	18

所以 $6^{16} \pmod{41} = 18 \pmod{41}$。

将 17 表示出二进制形式 10001，算法过程如表 8-3 所示。

表 8-3　$6^{17} \pmod{41}$ 的运算过程

i		4	3	2	1	0
c_i		1	0	0	0	1
a	0	1	2	4	8	17
b	1	6	36	25	10	26

所以 $6^{17}(\bmod\ 41)=26\ (\bmod\ 41)$。

习题 8

题 8-1 求 $\mathrm{ord}_{41}(10)$、$\mathrm{ord}_{43}(7)$、$\mathrm{ord}_{55}(2)$、$\mathrm{ord}_{65}(8)$、$\mathrm{ord}_{91}(11)$、$\mathrm{ord}_{69}(4)$、$\mathrm{ord}_{231}(5)$。

题 8-2 求模 11、13、17、19、31、37、53、71、81 的原根。

题 8-3 证明不存在模 55 的原根。

题 8-4 模 47 的原根有多少？求出模 47 的所有原根。

题 8-5 模 59 的原根有多少？求出模 59 的所有原根。

题 8-6 证明：如果 $\mathrm{ord}_m(a)=st$，则 $\mathrm{ord}_m(a^s)=t$。

题 8-7 设 p 是奇素数，而且 $\dfrac{p-1}{2}$ 也是奇素数，$(a,p)=1$。如果

$$a\not\equiv 1\ (\bmod\ p),\quad a^2\not\equiv 1\ (\bmod\ p),\quad a^{\frac{p-1}{2}}\not\equiv 1\ (\bmod\ p)$$

则 a 是模 p 的原根。

题 8-8 求模 113、167 的原根。

题 8-9 设 n 是正整数，如果存在一个整数 a 使

$$a^{n-1}\equiv 1\ (\bmod\ n)$$

以及

$$a^{\frac{p-1}{q}}\not\equiv 1(\bmod\ n)$$

其中 q 是 $n-1$ 的所有素因子，则 n 是一个素数。

题 8-10 制作模 2^5、2^7、2^8 的离散对数表（选取相应的原根）。

题 8-11 求 $6^{20}(\bmod\ 41)$ 和 $6^{21}(\bmod\ 41)$。

第 9 章　椭　圆　曲　线

当今世界,无论理论研究还是实际应用,最有影响的两类公钥密码算法是基于大数分解困难问题的 RSA 公钥密码算法和基于离散对数困难问题的 ElGamal 公钥密码算法。而离散对数困难问题可以分为有限域上的离散对数困难问题和椭圆曲线上的离散对数困难问题。在 20 世纪 80 年代中期,Koblitz 和 Miller 两位密码学家几乎同时提出的椭圆曲线密码算法的概念,由于它具有一些其他公钥密码算法无法比拟的优势,因此近 30 年来对它的研究十分活跃,大大丰富了数论和椭圆曲线密码的理论。

9.1　椭圆曲线的基本概念

椭圆曲线是代数曲线,在有限域上定义的椭圆曲线是由有限个点组成的集合,再在这些点上定义适当的加法,即定义了点与点之间的“加法”运算,使得该集合构成一个**加法群**。正因为椭圆曲线存在加法结构,所以它包含了很多重要的数论信息。

下面首先看一下椭圆曲线的定义。

设 K 是一个域,$\overline{K}$ 是 K 的代数闭包(就是 K 的扩域的并集),一般情况,可以认为 K 是实数域,但在密码学算法中经常使用的 K 是有限域。由第 5 章的知识知道,最简单的有限域是 Z_q,其中 q 是素数。从平面解析几何的角度,定义在域 K 上的椭圆曲线 E 是一条由 Weierstrass 方程

$$y^2 + a_1 xy + a_3 y = x^3 + a_2 x^2 + a_4 x + a_6, a_i \in K, \quad i = 1,2,3,4,6$$

$$(9\text{-}1)$$

非奇异(即处处光滑,或者不严格地说自己和自己没有交点)的三次曲线和无穷远点 O。使用符号 E/K 表示定义在域 K 上的椭圆曲线 E。

显然椭圆曲线是二维 $\overline{K} \times \overline{K}$ 平面上方程(9-1)所有解和无穷远点 O 组成的集合,即 $E/K = \{(x,y) \in \overline{K} \times \overline{K}: y^2 + a_1 xy + a_3 y = x^3 + a_2 x^2 + a_4 x + a_6\} \cup \{O\}$。当 K 是连续的,如 $K = R$ 是实数域时,椭圆曲线 E/K 可认为是二维空间上连续的曲线;当 K 是离散的,如 $K = GF(q)$ 是有限域时,椭圆曲线 E/K

是二维空间上有限个离散的点。

由于 $\overline{K}$ 是 K 的扩域,方程(9-1)在 $K \times K$ 上的解称为椭圆曲线 E 的 K 有理点,E 全体 K 有理点集合记为 $E(K)$。因此

$$E(K) = \{(x,y) \in K \times K : y^2 + a_1 xy + a_3 y = x^3 + a_2 x^2 + a_4 x + a_6\} \bigcup \{O\}$$

例 9-1 设有限域 GF(3)上有两条椭圆曲线 $y^2 = x^3 - x$ 和 $y^2 = x^3 + 1$,分别用集合表示其有理点集合。

解:

(1) 椭圆曲线 $y^2 = x^3 - x$ 的有理点集合为
$$\{(1,0),(2,0),(0,0),O\}$$

(2) 椭圆曲线 $y^2 = x^3 + 1$ 的有理点集合为
$$\{(0,1),(0,2),(2,0),O\}$$

例 9-2 设有限域 GF(5)上有两条椭圆曲线 $y^2 = x^3 - x$ 和 $y^2 = x^3 + 1$,分别用集合表示有理点集合。

解:

(1) GF(5)上的椭圆曲线 $y^2 = x^3 - x$ 的有理点集合为
$$\{(0,0),(1,0),(2,1),(2,4),(3,2),(3,3),(4,0),O\}$$

(2) GF(5)上的椭圆曲线 $y^2 = x^3 + 1$ 的有理点集合为
$$\{(0,1),(0,4),(2,2),(2,3),(4,0),O\}$$

由上面几个例子能看出来,虽然椭圆曲线的代数表达式是一样的,但是由于它们所在的域不同,椭圆曲线也不一样,而且它们的点的个数也可能不同。

E/K 为在域 K 上的椭圆曲线,当且仅当 $\Delta \neq 0$ 时,方程(9-1)定义的椭圆曲线是非奇异的,这里

$$\Delta = -b_2^2 b_8 - 8b_4^3 - 27b_6^2 + 9b_2 b_4 b_6 \tag{9-2}$$

其中

$$b_2 = a_1^2 + 4a_2$$
$$b_4 = 2a_4 + a_1 a_3$$
$$b_6 = a_3^2 + 4a_6$$
$$b_8 = a_1^2 a_6 + 4a_2 a_6 - a_1 a_3 a_4 + a_2 a_3^2 - a_4^2$$
$$c_4 = b_2^2 - 24b_4$$
$$j(E) = c_4^3/\Delta$$

定义 9-1 称 Δ 为 Weierstrass 方程的判别式。如果 $\Delta \neq 0$,则称 $j(E)$ 为方程式的 j 不变量,其中 0 是域 K 上的加法单位元。

例 9-3 计算例 9-2 中的 GF(5)上的两条椭圆曲线的判别式和 j 不变量。

解:

(1) 首先计算 GF(5)上的椭圆曲线 $y^2 = x^3 - x$ 的判别式 Δ 和 j 不变量 $j(E_1)$,因为 $a_1 = a_3 = a_2 = a_6 = 0, a_4 = -1$,所以得到如下结果:

$$b_2 = a_1^2 + 4a_2 = 0^2 + 4 \times 0 = 0$$
$$b_4 = 2a_4 + a_1 a_3 = -2$$

$$b_6 = a_3^2 + 4a_6 = 0$$
$$b_8 = a_1^2 a_6 + 4a_2 a_6 - a_1 a_3 a_4 + a_2 a_3^2 - a_4^2 = -1$$
$$\Delta = b_2^2 b_8 - 8b_4^3 - 27b_6^2 + 9b_2 b_4 b_6 = 0 - 8 \times 3^3 - 27 \times 0 + 9 \times 0 \times 3 \times 0 = 4$$
$$c_4 = b_2^2 - 24b_4 = 3$$
$$j(E) = c_4^3/\Delta = 3^3/4 = 3$$

(2) GF(5)上的椭圆曲线 $y^2 = x^3 + 1$ 的判别式 Δ 和 j 不变量 $j(E_2)$,因为 $a_1 = a_3 = a_2 = a_4 = 0, a_6 = 1$,所以得到如下结果:

$$b_2 = a_1^2 + 4a_2 = 0^2 + 4 \times 0 = 0$$
$$b_4 = 2a_4 + a_1 a_3 = 0$$
$$b_6 = a_3^2 + 4a_6 = 4$$
$$b_8 = a_1^2 a_6 + 4a_2 a_6 - a_1 a_3 a_4 + a_2 a_3^2 - a_4^2 = 0$$
$$\Delta = b_2^2 b_8 - 8b_4^3 - 27b_6^2 + 9b_2 b_4 b_6 = 3$$
$$c_4 = b_2^2 - 24b_4 = 0$$
$$j(E) = c_4^3/\Delta = 0^3/3 = 0$$

定理 9-1 椭圆曲线是非奇异的代数曲线,当且仅当判别式 $\Delta \neq 0$。

证明:把方程(9-1)写成隐函数 $F(x,y) = 0$ 形式,即

$$F(x,y) = y^2 + a_1 xy + a_3 y - x^3 - a_2 x^2 - a_4 x - a_6 \tag{9-3}$$

根据微分几何定理得到,隐函数 $F(x,y) = 0$ 为非奇异曲线的充分必要条件是方程组

$$\begin{cases} F(x,y) = 0 \\ F_x(x,y) = 0 \\ F_y(x,y) = 0 \end{cases}$$

无解。可以直接计算验证得到这个定理。

在前面的群、环里面经常介绍同构的概念通过同构可以把表面上看来毫无联系的两个群、环等同起来。而两条椭圆曲线之间也存在同构的概念,它是指两条椭圆曲线可以通过一个变换相互转化,且把无穷远点影射到无穷远点。

定义 9-2 E_1/K 和 E_2/K 是两条椭圆曲线,设

$$E_1: y^2 + a_1 xy + a_3 y = x^3 + a_2 x^2 + a_4 x + a_6, \quad a_i \in K, \quad i = 1,2,3,4,6$$
$$E_2: y^2 + a_1' xy + a_3' y = x^3 + a_2' x^2 + a_4' x + a_6', \quad a_i' \in K, \quad i = 1,2,3,4,6$$

如果存在 $r, s, t, u \in K$,其中 $u \neq 0$,满足如下的变换:

$$(x,y) \rightarrow (u^2 x + r, u^3 y + u^2 sx + t) \tag{9-4}$$

把方程 E_1 变为方程 E_2,则称 K 上的两条椭圆曲线 E_1/K、E_2/K 是同构的,用符号 $E_1/K \cong E_2/K$ 表示,有时为了方便,也写成 $E_1 \cong E_2$。

从同构的定义可以理解为:如果 (x,y) 是椭圆曲线 E_1 的解,那么存在 $r, s, t, u \in K$,使得 $(u^2 x + r, u^3 y + u^2 sx + t)$ 是椭圆曲线 E_2 的解。

因此假设椭圆曲线 E_1/K 和 E_2/K 同构,根据定义,如果 $(x,y) \in E_1/K$,那么 $(u^2 x + r, u^3 y + u^2 sx + t) \in E_2/K$,而且公式(9-4)把 E_1/K 转换到 E_2/K。整理多项式,比较系数得到:

$$\begin{cases} ua_1' = a_1 + 2s \\ u^2 a_2' = a_2 - sa_1 + 3r - s^2 \\ u^3 a_3' = a_3 + ra_1 + 2t \\ u^4 a_4' = a_4 - sa_3 + 2ra_2 - (t+rs)a_1 + 3r^2 - 2st \\ u^6 a_6' = a_6 + ra_4 + r^2 a_2 + r^3 - ta_3 - t^2 - rta_1 \end{cases} \tag{9-5}$$

定理 9-2　如果椭圆曲线 E_1/K 和 E_2/K 同构,当且仅当存在 $r,s,t,u \in K, u \neq 0$ 满足上述公式(9-5)。

定理 9-3　椭圆曲线的同构是等价关系。

证明:证明一个关系是等价关系,需要证明它满足自反性、对称性和传递性。设 E_1、E_2 和 E_3 是 K 上 3 条同构的椭圆曲线。

(1) **自反性**,即需要证明 $E_1 \cong E_1$。设 $(r,s,t,u) = (0,0,0,1)$,则变换

$$(x,y) \to (u^2 x + r, u^3 y + u^2 sx + t) = (x,y)$$

即存在 $(r,s,t,u) = (0,0,0,1)$,满足定义 9-2。

(2) **对称性**,即如果 $E_1 \cong E_2$,那么 $E_2 \cong E_1$。

设把椭圆曲线 E_1 的变量转换到椭圆曲线 E_2 的变量的变量变换如下:

$$(x,y) \to (u_1^2 x + r_1, u_1^3 y + u_1^2 s_1 x + t_1)$$

那么,很容易得到

$$(x,y) \to (u_1^{-2}(x - r_1), -u_1^{-3}(y - s_1 x - t_1 + s_1 r_1)) \tag{9-6}$$

因此得到存在

$$(r,s,t,u) = (-u_1^{-2} r_1, -u_1^{-1} s_1, u_1^{-3}(r_1 s_1 - t_1), u_1^{-1})$$

把椭圆曲线 E_2 的变量转换到椭圆曲线 E_1 的变量,即 $E_2 \cong E_1$。

(3) **传递性**,即如果 $E_1 \cong E_2$ 和 $E_2 \cong E_3$,那么 $E_1 \cong E_3$。

设把椭圆曲线 E_1 的变量转换到椭圆曲线 E_2 的变量的变量变换为:

$$(x,y) \to (u_1^2 x + r_1, u_1^3 y + u_1^2 s_1 x + t_1)$$

把椭圆曲线 E_2 的变量转换到椭圆曲线 E_3 的变量的变量变换为:

$$(x,y) \to (u_2^2 x + r_2, u_2^3 y + u_2^2 s_2 x + t_2)$$

那么把椭圆曲线 E_1 的变量转换到椭圆曲线 E_3 的变量的变量变换为:

$$(x,y) \to (u_2^2(u_1^2 x + r_1) + r_2, u_2^3(u_1^3 y + u_1^2 s_1 x + t_1) + u_2^2 s_2(u_1^2 x + r_1) + t_2)$$

因此得到存在

$$(r,s,t,u) = (u_2^2 r_1 + r_2, u_2 s_1 + s_2, u_2^3 t_1 + u_2^2 s_2 r_1 + t_2, u_1 u_2)$$

把椭圆曲线 E_1 的变量转换到椭圆曲线 E_3 的变量,即 $E_1 \cong E_3$。

因此,椭圆曲线的同构是等价关系。

下面不加证明地给出两条椭圆曲线同构的判别条件。

定理 9-4　定义在 K 上的两条椭圆曲线 E_1/K 和 E_2/K 同构,则 $j(E_1) = j(E_2)$;如果 K 是一个代数封闭域,则由 $j(E_1) = j(E_2)$ 得到 $= E_1/K$ 和 E_2/K 同构。

9.2　椭圆曲线的运算

椭圆曲线是集合,因此最好是在集合的元素上定义二元运算,使其成为一个代数系统。如果构成群,这样就可以利用群的性质。通过本节的介绍,可以了解如何通过几何的方法在

椭圆曲线上定义一个加法,使其成为交换群。下面先介绍椭圆曲线上加法的定义规则,随后再根据这些运算规则定义加法运算。

定义 9-3 设 E 是域 K 上的椭圆曲线,P、Q 是椭圆曲线 E 任意的两个点,定义加法"+"算法如下(下面是根据 P、Q 的各种情况逐一描述加法"+"算法的):

(1) $P+O=P$,$O+P=P$(单位元为无穷远点 O)。

(2) $-O=O$。

(3) 如果 $P=(x_1,y_1)\neq O$,那么 $-P=(x_1,-y_1-a_1x_1-a_3)$。

注:这说明椭圆曲线上 x 轴以 x_1 为分量的只有 P 和 $-P$ 两个点,这是因为在第 6 章的知识中介绍了有限域中二次同余式最多两个根。

(4) 如果 $Q=-P$,则 $P+Q=O$。

(5) 如果 $P\neq O,Q\neq O,P\neq -Q$,那么

① 如果 $P\neq Q$,则 R 是直线 $\overline{PQ}$(经过点 P 和点 Q 的直线)与椭圆曲线相交的第三个点。

② 如果 $P=Q$,R 是椭圆曲线在点 P 的切线与椭圆曲线相交的另一个点。

因此 $P+Q=-R$。

定理 9-5 $(E/K,+)$ 是交换的群,且单位元是无穷远点 O。

定理的证明可通过定义直接验证,比较烦琐,尤其是结合律证明。

例 9-4 验证 GF(5) 上的两条椭圆曲线 $y^2=x^3+1$ 和 $y^2=x^3+2$,它们生成的群是 6 阶的,但是两条曲线不同构。

由于在椭圆曲线中的很多有用的定理的证明可能要用上代数几何的知识,超出了本书的范围,因此下面给出几个不加证明的定理,让大家了解一些椭圆曲线同构的几个结果。

定理 9-6 E 是域 K 上的椭圆曲线,则群 $(E(K),+)$ 是 $(E/K,+)$ 的子群。

定理 9-7 椭圆曲线 E_1/K 和 E_2/K 同构,则群 $(E_1(K),+)$ 到群 $(E_2(K),+)$ 是同构的;反之则不一定成立。

注:可以使用公式(9-6)验证群 $(E_1(K),+)$ 到群 $(E_2(K),+)$ 是同构的。

上面定义的加法"+"运算比较抽象,下面给出具体的计算方法。

设 $P=(x_1,y_1)\neq O,Q=(x_2,y_2)\neq O$,且 $P\neq -Q$。假设 $P+Q=R=(x_3,y_3)$,下面讨论如何计算 R。首先计算过点 P 和点 Q 的直线 l 的斜率 λ,再根据斜率计算直线的方程。

$$\lambda=\begin{cases}\dfrac{y_2-y_1}{x_2-x_1}, & \text{当 } P\neq Q \text{ 时}\\[3mm]\dfrac{3x_1^2+2a_2x_1+a_4-a_1y_1}{2y_1+a_1x_1+a_3}, & \text{当 } P=Q \text{ 时}\end{cases}$$

为了后面计算的方便,记 $\alpha=y_1-\lambda x_1$。

根据平面几何的知识,过 P 和 Q 的直线 l 的方程 $y=\lambda x+\alpha$,把直线方程代入椭圆曲线方程(9-1)计算直线与椭圆曲线的交点,得到

$$(\lambda x+\alpha)^2+a_1x(\lambda x+\alpha)+a_3(\lambda x+\alpha)=x^3+a_2x^2+a_4x+a_6 \tag{9-7}$$

显然,x_1、x_2 和 x_3 是方程(9-7)的根,所以公式(9-7)可以分解成如下形式:

$$(x-x_1)(x-x_2)(x-x_3)=0 \tag{9-8}$$

比较公式(9-7)和公式(9-8),得到

$$-(x_1+x_2+x_3)=a_2-\lambda^2-a_1\lambda$$

所以
$$x_3 = \lambda^2 + a_1\lambda - a_2 - x_1 - x_2$$

再计算
$$\overline{y_3} = \lambda x_3 + \alpha, \text{且 } y_3 = -\overline{y_3} - a_1 x_3 - a_3$$

得到
$$y_3 = -(\lambda + a_1)x_3 - \alpha - a_3$$

如果 $P,Q \in E(K)$，那么计算 $P+Q$ 还有一些在域 K 上的算术方法。

例 9-5 实数域 R 上的椭圆曲线 $E: y^2 = \dfrac{2x^3+3x^2+x}{6}$，计算 $(1,1)+(0,0)$ 和 $(1/2,1/2)+(1,1)$。

解：首先计算经过点 $(1,1)$ 和点 $(0,0)$ 的斜率 $\lambda, \lambda=1$；在计算经过这两个点的直线方程为 $y=\lambda x=x$。

代入椭圆曲线，得到
$$x^2 = \frac{2x^3+3x^2+x}{6}, \quad \text{即 } 2x^3-3x^2+x=0$$

得到
$$x_3 = 1/2, \quad \overline{y_3}=1/2$$

有
$$y_3 = -\overline{y_3} - a_1 x_3 - a_3 = -1/2$$
$$(1,1)+(0,0)=(1/2,-1/2)$$

同理可计算
$$(1/2,1/2)+(1,1)=(24,-70)$$

例 9-6 域 K 上的椭圆曲线 $E: y^2=x^3+ax+b$，其中 $\mathrm{char}(K)\neq2,3$，求逆元和一般的加法公式，其中 $\mathrm{char}(K)$ 为 K 的特征。

解：设 $P=(x,y)$，则 $-P=(x,-y)$。

设 $P_1=(x_1,y_1),P_2=(x_2,y_2)$，则 $P_3=P_1+P_2=(x_3,y_3)$。

(1) 如果 $P_1=-P_2$，即得 $P_3=O$。

(2) 如果 $P_1\neq -P_2$，有
$$\lambda = \begin{cases} \dfrac{y_2-y_1}{x_2-x_1}, & \text{当 } P_1 \neq P_2 \text{ 时} \\ \dfrac{3x_1^2+a}{2y_1}, & \text{当 } P_1 = P_2 \text{ 时} \end{cases}$$

则 $P_3=P_1+P_2=(x_3,y_3)$，
$$\begin{cases} x_3 = \lambda^2 - x_1 - x_2 \\ y_3 = \lambda(x_1-x_3)-y_1 \end{cases}$$

下面两个例题考虑特征为 2 的情况。

例 9-7 有限域 K 上的椭圆曲线 $E: y^2+xy=x^3+a_2x+a_6$，其中 $\mathrm{char}(K)=2$，求逆元和一般的加法公式。

解：设 $P=(x,y)$，则 $-P=(x,-y-x)=(x,y+x)$。

设 $P_1=(x_1,y_1)$，$P_2=(x_2,y_2)$，则 $P_3=P_1+P_2=(x_3,y_3)$。

(1) 如果 $P_1=-P_2$，即得 $P_3=O$。

(2) 如果 $P_1\neq-P_2$ 且 $P_1\neq P_2$，有

$$\begin{cases} x_3=\left(\dfrac{y_1+y_2}{x_1+x_2}\right)^2+\dfrac{y_1+y_2}{x_1+x_2}+x_1+x_2+a_2 \\[4mm] y_3=\dfrac{y_1+y_2}{x_1+x_2}(x_1+x_3)+x_3+y_1 \end{cases}$$

(3) 如果 $P_1\neq-P_2$ 且 $P_1=P_2$，有

$$\begin{cases} x_3=x_1^2+\dfrac{a_6}{x_1^2} \\[4mm] y_3=x_1^2+\left(x_1+\dfrac{y_1}{x_1}\right)x_3+x_3 \end{cases}$$

例 9-8 有限域 K 上的椭圆曲线 E：$y^2+a_3y=x^3+a_4x+a_6$，其中 $\mathrm{char}(K)=2$，求逆元和一般的加法公式。

解：设 $P=(x,y)$，则 $-P=(x,y+a_3)$。

设 $P_1=(x_1,y_1)$，$P_2=(x_2,y_2)$，则 $P_3=P_1+P_2=(x_3,y_3)$。

(1) 如果 $P_1=-P_2$，得 $P_3=O$。

(2) 如果 $P_1\neq-P_2$ 且 $P_1\neq P_2$，有

$$\begin{cases} x_3=\left(\dfrac{y_1+y_2}{x_1+x_2}\right)^2+x_1+x_2 \\[4mm] y_3=\dfrac{y_1+y_2}{x_1+x_2}(x_1+x_3)+y_1+a_3 \end{cases}$$

(3) 如果 $P_1\neq-P_2$ 且 $P_1=P_2$，有

$$\begin{cases} x_3=\dfrac{x_1^4+a_4^2}{a_3^2} \\[4mm] y_3=\dfrac{x_1^2+a_4}{a_3}(x_1+x_3)+y_1+a_3 \end{cases}$$

对于特征为 3 的计算，也可以根据加法定义计算，当然也可以参考相关的参考书得到，这里就不再举例了。

下面定义椭圆曲线上的乘法——标量乘法，它实际上只是特殊的连加。设 P 是椭圆曲线上的点，m 是一个整数，那么按如下的方法定义 mP。

$$mP=\begin{cases} \underbrace{P+\cdots+P}_{m\text{个}}, & \text{当 } m>0 \text{ 时} \\[3mm] O, & \text{当 } m=0 \text{ 时} \\[3mm] \underbrace{(-P)+\cdots+(-P)}_{-m\text{个}}, & \text{当 } m<0 \text{ 时} \end{cases}$$

在群里面定义了元素的阶，由于椭圆曲线的点关于定义的加法构成群，所有点的阶的定义与它们是一致的。如果对椭圆曲线上的点 P，存在最小正整数 n，使得 $nP=O$，则称点 P 是 n 阶元素。

下面考虑有限域上的椭圆曲线的点的计数。

在群论里面,群的阶是一个重要的参数,在群上设计各种密码体制,计算群的阶是必不可少的。因此必须了解与计算椭圆曲线构成的加法群。

设 E/K 是一条椭圆曲线,K 是有限域,不妨设 $K=\mathrm{GF}(q)$,其中 $q=p^m$,p 是素数且是有限域 $K(\mathrm{GF}(q))$ 的特征(由第 5 章的知识知道 $K=\mathrm{GF}(q)$ 事实上是 Z_p 的一个扩域,由多项式环模 m 次不可约多项式得到)。用符号 $\sharp E(K)$ 表示椭圆曲线 $E(K)$ 的点的个数。

设 E/K 是(9-1)定义的一条椭圆曲线,那么对任意的 $x\in K$ 方程最多有两个解,因此 $\sharp E(K)\leqslant 2q+1$。但是由于对某些 $x\in K$ 可能不存在解 $y\in K$,所以希望对任意的 $x\in K$,方程(9-1)存在一个解的概率为 $\dfrac{1}{2}$。这样 $\sharp E(K)\approx q$。下面的定理说明这个结论是正确的,但由于涉及的知识比较多,就不在这里证明了。

定理 9-8 (Hasse)设 $\sharp E(K)=q+1-t$,那么 $|t|\leqslant 2\sqrt{q}$。

针对 $\mathrm{GF}(q)(q=p^m,p$ 是素数)上的椭圆曲线,Waterhouse 证明的下面一个结果是判定 $\sharp E(K)$ 可能的值。

定理 9-9 在有限域 $K=\mathrm{GF}(q)$ 上存在 $\sharp E(K)=q+1-t$ 的椭圆曲线的充分必要条件是:

(1) $t\not\equiv 0(\mathrm{mod}\ p)$,$t^2\leqslant 4q$。

(2) m 是奇数,且下面的任意一个条件成立:

① $t=0$。

② $t^2=2q$ 和 $p=2$。

③ $t^2=3q$ 和 $p=3$。

(3) m 是偶数,且下面的任意一个条件成立:

① $t^2=4q$。

② $t^2=q$ 和 $p\not\equiv 1(\mathrm{mod}\ 3)$。

③ $t=0$ 和 $p\not\equiv 1(\mathrm{mod}\ 4)$。

定理 9-9 实际上给出了一些椭圆曲线的阶,可以根据想得到的阶去构造椭圆曲线。

下面针对一些特殊的椭圆曲线讨论其阶的计算问题。假设有限域 $K=\mathrm{GF}(p)$(其中 p 是素数),椭圆曲线

$$E_p(a,b):y^2=x^3+ax+b \tag{9-9}$$

用符号 $\sharp E_p(a,b)$ 表示该曲线在 $\mathrm{GF}(p)$ 上有理点的个数。

定理 9-10 假设 $p>3$,$a,b\in \mathrm{GF}(p)$,那么 $\sharp E_p(a,b)=1+\sum\limits_{x=0}^{p-1}\left(\left(\dfrac{x^3+ax+b}{p}\right)+1\right)$,

其中 $\left(\dfrac{\cdot}{\cdot}\right)$ 表示模 p 的勒让德符号。

证明:假设 $p>3$,$a,b\in \mathrm{GF}(p)$,椭圆曲线为(9-9),那么通过下面的方法分类计算椭圆曲线上的点。

(1) $O\in E_p(a,b)$。

(2) 对任意 $x\in \mathrm{GF}(p)$,如果 x^3+ax+b 是模 p 的平方剩余(二次剩余),那么满足方程(9-9)$y\in \mathrm{GF}(p)$ 的个数为 $2=1+1=\left(\dfrac{x^3+ax+b}{p}\right)+1$。

(3) 对任意 $x\in \mathrm{GF}(p)$,如果 x^3+ax+b 是模 p 的平方非剩余(二次非剩余),那么满足

方程(9-9)$y\in\mathrm{GF}(p)$ 的个数为 $0=-1+1=\left(\dfrac{x^3+ax+b}{p}\right)+1$。

(4) 对任意 $x\in\mathrm{GF}(p)$,如果 $x^3+ax+b=0 \bmod p$,那么满足方程(9-9)$y\in\mathrm{GF}(p)$ 的个数为 $1=0+1=\left(\dfrac{x^3+ax+b}{p}\right)+1$。

上面 4 种可能情况的和就得到了定理的结论。

由于一些特殊参数的椭圆曲线具有很好的性质,下面以定理的形式给出,有兴趣的同学可以使用模 p 的勒让德符号计算自己证明,这里留作习题。

定理 9-11 假设 $p>3$,如果 $p=3 \bmod 4$,那么对任意的 $a\in\mathrm{GF}(p)^*$ 有
$$\#E_p(a,0)=p+1 \tag{9-10}$$

定理 9-12 假设 $p>3$,如果 $p=2 \bmod 3$,那么对任意的 $b\in\mathrm{GF}(p)^*$ 有
$$\#E_p(0,b)=p+1 \tag{9-11}$$

9.3 除子

除子是代数几何中一个非常重要的概念,它与有理函数的零点和极点有密切的联系。而且可以把在椭圆曲线上的离散对数问题归约到某些有限域上的离散对数问题。

设 E/K 是定义在 K 的一条椭圆曲线,n 是一个正整数,集合
$$E[n]=\{P\in E(\overline{K}):nP=O\}$$
为 E 上 n 阶点的全体点。下面定理说明了 $E[n]$ 的结构。

定理 9-13 $E[n]$ 是 $E(K)$ 的子群。

证明:设点 $P,Q\in E[n]$,只需要证明 $P-Q\in E[n]$ 就能说明 $E[n]$ 是 $E(K)$ 的子群。

首先,$E[n]$ 是 $E(K)$ 的子集。其次,因为 $n(P-Q)=nP-nQ=O-O=O$,所以 $P-Q\in E[n]$。即 $E[n]$ 是 $E(K)$ 的子群。

在近世代数里面,有限交换群的结构已经研究得很清楚了,因此列出下面两个定理,使对 $E[n]$ 有更清楚的认识。

定理 9-14 如果 K 的特征不整除 n 或者等于 0,则
$$E[n]\cong Z_n\oplus Z_n \tag{9-12}$$
其中符号"$\oplus$"表示为直积。

定理 9-15 如果 K 的特征是素数 p,且 $p\mid n$。记 $n=p^r n',p\nmid n'$,则
$$E[n]\cong Z_{n'}\oplus Z_{n'} \quad\text{或者}\quad E[n]\cong Z_n\oplus Z_{n'}$$

下面介绍除子的定义。

定义 9-4 设 E/K 是定义在 K 的一条椭圆曲线,E 的 $\overline{K}$ 有理点的形式和
$$D=\sum_{P\in E}n_P(P) \tag{9-13}$$
称为 E 的除子。其中 $n_P\in Z$ 和除了有限个 $P\in E$ 以外,其他 $n_P=0$。除子 D 的支撑集为集合 $\{P\in E:n_P\neq 0\}$,用符号 $\mathrm{supp}(D)$ 表示。通常情况下,在支撑集 $\mathrm{supp}(D)$ 中不考虑无穷远点 O。

在第 5 章定义多项式时使用了形式和。从除子的定义中知道,除子只是一些点的形式和,不是真正的椭圆曲线的点求和。

定义 9-5　设 $D = \sum_{P \in E} n_P(P)$ 是椭圆曲线 E 的除子，称 $\sum_{P \in E} n_P$ 为除子 D 的次数，用符号 $\deg(D)$ 表示；称 $\sum_{P \in E} n_P P$ 为除子 D 的和，用符号 $\mathrm{sum}(D)$ 表示。

注：除子 D 的次数 $\deg(D)$ 是系数之和，是整数，可以是正的、负的和零；除子 D 的和 $\mathrm{sum}(D)$ 是椭圆曲线上的点的和。

例 9-9　椭圆曲线 $y^2 = x^3 - x$ 的有理点集合为 $\{(1,0),(2,0),(0,0),O\}$，求除子 $D = 5((1,0)) - 10(O) + 0((1,0))$ 的次数、支撑集、和。

解：根据它们的定义得到

$$\deg(D) = 5 - 10 + 0 = -5$$
$$\mathrm{supp}(D) = \{(1,0)\}$$
$$\mathrm{sum}(D) = (1,0)$$

定义 9-6　用符号 **D** 表示 E 上的全体除子构成的集合，定义下面的加法运算。

$$\sum_{P \in E} n_P(P) + \sum_{P \in E} m_P(P) = \sum_{P \in E} (n_P + m_P)(P) \tag{9-14}$$

定理 9-16　椭圆曲线 E 上的全体除子集合 **D** 构成交换群，称为 E 的除子群，记为 $\mathrm{div}(E)$。

证明：根据交换群的定义，需要证明交换群的 5 个性质。

设 $N, M, L \in \mathbf{D}$，即

$$N = \sum_{P \in E} n_P(P)$$
$$M = \sum_{P \in E} m_P(P)$$
$$L = \sum_{P \in E} l_P(P)$$

其中 $n_P, m_P, l_P \in Z$。

（1）封闭性。集合 **D** 是全体除子集，根据除子的定义

$$\sum_{P \in E} n_P(P) + \sum_{P \in E} m_P(P) = \sum_{P \in E} (n_P + m_P)(P)$$

是 **D** 中元素。封闭性成立。

（2）结合性。根据

$$\sum_{P \in E} n_P(P) + \left(\sum_{P \in E} m_P(P) + \sum_{P \in E} l_P(P) \right) = \sum_{P \in E} (n_P + (m_P + l_P))(P)$$
$$= \sum_{P \in E} (n_P + m_P + l_P)(P)$$
$$\left(\sum_{P \in E} n_P(P) + \sum_{P \in E} m_P(P) \right) + \sum_{P \in E} l_P(P) = \sum_{P \in E} ((n_P + m_P) + l_P)(P)$$
$$= \sum_{P \in E} (n_P + m_P + l_P)(P)$$

所以结合性成立。

（3）单位元存在。因为 $\sum_{P \in E} 0(P) \in \mathbf{D}$，而且 $N + \sum_{P \in E} 0(P) = N$，所以 $\sum_{P \in E} 0(P)$ 是单位元。

（4）逆元存在。对任意的 N，因为

$$\sum_{P \in E} n_P(P) + \sum_{P \in E} -n_P(P) = \sum_{P \in E} 0(P)$$

所以 $\sum_{P \in E} -n_P(P)$ 是 N 的逆元。

(5) 交换性。

$$\sum_{P \in E} n_P(P) + \sum_{P \in E} m_P(P) = \sum_{P \in E} (n_P + m_P)(P) = \sum_{P \in E} (m_P + n_P)(P)$$
$$= \sum_{P \in E} m_P(P) + \sum_{P \in E} n_P(P)$$

所以交换性成立。

因此 $\mathbf{D}$ 构成交换群。

设 $D^0 = \{D \in \mathbf{D}: \deg(D) = 0\}$，表示所有次数为 0 的除子构成的集合。显然，$D^0$ 构成群，而且是 $\mathbf{D}$ 的子群。

例 9-10 有限域 GF(3) 椭圆曲线 $y^2 = x^3 - x$，其有理点集合为 $\{(1,0),(2,0),(0,0),O\}$。除子 $D_1 = ((1,0)) + 2 \times ((2,0)) + ((0,0))$，$D_2 = ((1,0)) + 2 \times ((2,0)) + ((0,0)) + (O)$，虽然 D_1 和 D_2 的和是相同的，但是它们是 $\mathbf{D}$ 中两个不同的元素。

例 9-11 有限域 GF(5) 上的椭圆曲线 $y^2 = x^3 + 1$ 的有理点集合为 $\{(0,1),(0,4),(2,2),(2,3),(4,0),O\}$。那么除子 $D_1 = ((2,2)) + ((2,3))$、$D_2 = (O)$ 也是两个不同的除子，虽然 $(2,2) + (2,3) = O$。

例 9-12 设 P_1、P_2 和 P_3 是椭圆曲线 E 上 3 个点，$D = 4(P_1) - 5(P_2) + 7(P_3) - 6(O)$。那么除子 D 的次数 $\deg(D) = 4 - 5 + 7 - 6 = 0$；除子 D 的和 $\mathrm{sum}(D) = 4P_1 - 5P_2 + 7P_3 - 6O = 4P_1 - 5P_2 + 7P_3$；除子 D 的支撑集 $\mathrm{supp}(D) = \{P_1, P_2, P_3\}$。

设 E 是由公式 (9-1) 定义在有限域 K 上的椭圆曲线，写成下面形式：

$$r(x,y) = y^2 + a_1 xy + a_3 y - x^3 - a_2 x^2 - a_4 x - a_6$$

在第 5 章定义了一元多项式，在椭圆曲线中用的是二元多项式，就是存在两个不变量。

显然，$r(x,y) \in K[x,y]$（$K[x,y]$ 表示为二元多项式环，表示系数是 K 中元素，不变量为 x、y），用符号 $K[E]$ 表示在 K 上的椭圆曲线 E 的坐标环为

$$K[E] = K[x,y]/(r(x,y))$$

其中 (r) 表示为在 $K[x,y]$ 由 r 生成的主理想。

显然，$K[E]$ 是整环。

类似地，可以定义 $\bar{K}[E] = \bar{K}[x,y]/(r(x,y))$。

对任意的 $l \in \bar{K}[E]$，通过反复使用 $y^2 - r(x,y)$ 代替 y^2，最后总能得到

$$l(x,y) = u(x) + yv(x)$$

其中

$$u(x)、v(x) \in \bar{K}[x]$$

K 上的椭圆曲线 E 的函数域 $K(E)$ 为 $K[E]$ 的分式域（分式域是包含整环 $K[E]$ 最小的域）。类似地，函数域 $\bar{K}(E)$ 表示为 $\bar{K}[E]$ 的分式域。$\bar{K}(E)$ 里面的元素成为有理函数。$\bar{K}$ 可认为是 $\bar{K}(E)$ 的子域。

定义 9-7 设 $f(x,y) \in K(E)^*$ 是非零有理函数，$P \in V - \{O\}$ 是椭圆曲线上的点。如果存在 $g,h \in \bar{K}(E)$ 满足 $f(x,y) = \dfrac{g(x,y)}{h(x,y)}$，且 $h(P) \neq 0$，则称 f 在 P 点定义。如 f 在 P 点定义，那么

$$f(P) = \frac{g(P)}{h(P)} \tag{9-15}$$

显然 $f(P)$ 的值不依赖 g、h 的选取。

定义 9-8　如果 $f(P) = 0$，那么 E 上的点 P 称为函数 $f(x,y)$ 的零点；如果 f 没在 P 点定义，即 $h(P) = 0$，则 E 上的点 P 称为函数 $f(x,y)$ 的极点，记 $f(P) = \infty$。

例 9-13　有限域 $K = \mathrm{GF}(q)$ 上的椭圆曲线 $E : y^2 = x^3 - x$，其中 $\mathrm{char}(K) \neq 2, 3$。显然，$(0,1) \in E$，$f = \dfrac{x^3 - x}{y} \in \overline{K}(E)$。计算 $f(P)$。

解：如果仅仅考虑 f 是多项式的商，则在 f 点 P 都没有定义，因为分母在 P 点为零。然而，作为 $\overline{K}(E)$ 中的元素，可以做下面的化简。

$$f = \frac{x^3 - x}{y} = \frac{(x^3 - x)y}{y^2} = \frac{(x^3 - x)y}{x^3 - x} = y$$

因此 $f(P) = 0$。

在一般的多元多项式中，计算多项式的次数为把每项的各元的次数相加，次数最高的就是多项式的次数。例如，$5x^2 y^5 - x^6 y^2 + x^3 y^3$ 为二元 8 次多项式。

而在有理函数 f 定义在无穷远点 O 的值，使用如下的方法。

由于对任意的 $l \in \overline{K}[E]$，能得到 $l(x,y) = u(x) + y v(x)$，其中 $u(x), v(x) \in \overline{K}[x]$。设 x 的权重为 2，y 的权重为 3。因此得到以下定义。

定义 9-9　定义 $l \in \overline{K}[E]$ 的次数为

$$\deg(l) = \max(2\deg_x(u), 3 + 2\deg_x(v)) \tag{9-16}$$

定义 9-10　设 $f = \dfrac{g}{h}$，其中 $g, h \in \overline{K}[x,y]/(r)$。

(1) 如果 $\deg(g) < \deg(h)$，则 $f(P) = 0$。

(2) 如果 $\deg(g) > \deg(h)$，则 $f(P) = \infty$。

(3) 如果 $\deg(g) = \deg(h)$，那么假设 g、h 的最高次项分别为 ax^d 和 bx^d，则 $f(O) = \dfrac{a}{b}$；

或者假设 g、h 的最高次项分别为 cyx^d 和 dyx^d，则 $f(O) = \dfrac{c}{d}$。

例 9-14　考虑有限域 $K = \mathrm{GF}(q)$ 上的椭圆曲线 $E : y^2 = x^3 + ax + b$。设 $f = y$，$g = \dfrac{x}{y}$，$h = \dfrac{x^2 - xy}{1 + xy} \in \overline{K}(E)$。计算 $f(O)$、$g(O)$、$h(O)$。

解：$f(O) = \infty$，$g(O) = 0$，$h(O) = -1$。

定义 9-11　设 P 是 E 上的点，存在有理函数 $\mu_P \in \overline{K}(E)$ 使得 $\mu_P(P) = 0$，如果任意函数 $f(x,y)$ 都可以写成以下形式：

$$f = \mu_P^r g$$

其中，$r \in Z$，$g(P) \neq 0, \infty$。那么定义函数 f 在 P 点的阶为 r，记为 $\mathrm{ord}_P(f) = r$；μ_P 被称为 P 点的一致化子参数（函数）。

由定义可以看出，当 $r > 0$，则 P 点是函数 f 的零点；当 $r < 0$，则 P 点是函数 f 的极点。

由于函数的零点和极点只有有限个，椭圆曲线上的函数实际上就是一类特殊的复变函数，因此也只有有限个零点和极点，故而有以下定义。

定义 9-12 设 f 是 E 上一个非零函数,f 定义的除子为

$$\text{div}(f) = \sum_{P \in E(K)} \text{ord}_P(f)(P) \in \text{div}(E) \tag{9-17}$$

定理 9-17 如果 $f \in \overline{K}(E)^*$,那么 $\text{div}(f) \in D^0$。特别地,$\text{div}(f) = 0$ 当且仅当 $f \in \overline{K}(E)^*$。

例 9-15 考虑在有限域 $K = GF(q)$ 上的椭圆曲线 $E: y^2 = x^3 + ax + b$,且 $\text{char}(GF(q)) \neq 2$,3,其中 $\text{char}(GF(q))$ 指 $GF(q)$ 的特征。

(1) 设 $P = (c, d) \notin E[2]$,那么

$$\text{div}(x - c) = (P) + (-P) - 2(O)$$

(2) 设 $P_1, P_2, P_3 \in E$ 是二阶元,那么

$$\text{div}(y) = (P_1) + (P_2) + (P_3) - 3(O)$$

假设 $b \neq 0$,设 $P_4 = (0, \sqrt{b})$,$P_5 = (0, -\sqrt{b})$,那么

$$\text{div}\left(\frac{x}{y}\right) = (P_4) + (P_5) + (O) - (P_1) - (P_2) - (P_3)$$

函数定义的除子称为主除子。两个除子 D_1 和 D_2 之间差一个主除子,则称除子 D_1 和 D_2 等价,用 $D_1 \sim D_2$ 表示。即得到以下定理。

定理 9-18 如果两个除子 D_1 和 D_2 等价,当且仅当存在 E 上的非零函数 f,使得

$$D_1 = D_2 + \text{div}_P(f) \tag{9-18}$$

根据复变函数的理论,主除子显然是零次除子。但是零次除子不一定是主除子。

定理 9-19 椭圆曲线上的零次除子 $D = \sum_{P \in E} n_P(P)$ 是主除子当且仅当 $\text{sum}(D) = O$。

习题 9

题 9-1 如果 $\text{char}(K) = 2$,证明不可能有椭圆曲线满足 $a_1 = a_3 = 0$。

题 9-2 给出 $GF(7)$ 上的椭圆曲线 $y^2 = x^3 - 1$ 的有理点。

题 9-3 $GF(5)$ 上的椭圆曲线 $y^2 = x^3 - x$ 的有理点集合为

$$\{(0,0), (1,0), (2,1), (2,4), (3,2), (3,3), (4,0), O\}$$

试计算每个点的阶。

题 9-4 通过计算考虑 $GF(5)$ 上的两条椭圆曲线 $y^2 = x^3 + 1$ 和 $y^2 = x^3 + 2$,它们生成的群是 6 阶的,但是两条曲线是不同构的。

题 9-5 $K[E]$ 是在 K 上的椭圆曲线 E 的坐标环,则 $K[E]$ 是整环。

题 9-6 借助代数里面分式域的定义,定义 K 上的椭圆曲线 E 的函数域 $K(E)$ 是 $K[E]$ 的分式域。并证明它是分式域。

题 9-7 证明 $\overline{K}$ 是 $\overline{K}(E)$ 的子域。

题 9-8 证明 9.2 节的定理 9-11。

题 9-9 证明 9.2 节的定理 9-12。

题 9-10 设椭圆曲线为 $y^2 = x^3 + x + 1 \mod 23$。设 $P = (3, 10)$,$Q = (9, 7)$,试计算 $P + Q$ 的值。

格   第 10 章

前面章节介绍了数论和抽象代数的部分内容,本章介绍现代密码学要用到的一个重要概念——格。在数学领域里面,格存在两个截然不同的定义,一个是拓扑学中偏序集,另外一个就是本章介绍的与线性代数有关的格,线性空间的网格点集,也称为点格。由于它们所属的研究与应用领域差别比较大,所以这两个概念很少在同一文献和书中同时出现。后者在理论上存在很多计算上尚未解决的困难问题,如格上最短向量问题、格上最近向量问题和Learning With Errors 问题(LWE)等。而且就现在已经研究的结果来看,未来的量子计算机对这些困难问题也可能没有好的办法。

10.1 格的定义

虽然在密码体制的设计中更多使用的是有限域,但是为了解决一般的情况,还是在实数上定义格。在介绍格之前先回忆一个线性代数的基本概念——线性无关。

定义 10-1 设 $v_1, v_2, \cdots, v_m \in R^m$ 为一组非零向量。如果 $a_1 v_1 + a_2 v_2 + \cdots + a_m v_m = 0$ 当且仅当 $a_1 = a_2 = \cdots = a_m = 0$,则称 v_1、v_2、$\cdots$、v_m 是线性无关的。

如果 $v_1, v_2, \cdots, v_m \in R^m$ 是线性无关的,那么 R^m 中任意向量 a 都可以由 v_1、v_2、$\cdots$、v_m 表示,即 $a = a_1 v_1 + a_2 v_2 + \cdots + a_m v_m$,其中 $a_1, a_2, \cdots, a_m \in R^m$。并且 a_1, a_2、$\cdots$、a_m 是唯一的。

定义 10-2 设 $v_1, v_2, \cdots, v_n \in R^m$ 为一组线性无关的向量。如果 L 是由 v_1、v_2、$\cdots$、v_n 的线性组合构成的集合且系数为整数,即 $L = \{a_1 v_1 + a_2 v_2 + \cdots + a_n v_n : a_1, a_2, \cdots, a_n \in Z\}$,则 L 称为由 $v_1, v_2, \cdots, v_n$ 生成的格,$v_1, v_2, \cdots, v_n$ 称为格 L 的基。

在格的定义中,有两个基本的参数 n 和 m,其中 n 表明格的基的个数,称为格的**维度**,m 称为格的**阶**(**rank**)。格的阶和维度可以不同,一般情况下 $n \leq m$,如果 $n = m$ 则称格是满维的。

下面给出一个与格相关的概念。

定义 10-3 设 $v_1, v_2, \cdots, v_n \in R^m$ 是格 L 的基。称 $\mathrm{span}(L) = \{a_1 v_1 + a_2 v_2 + \cdots + a_n v_n : a_1, a_2, \cdots, a_n \in R\}$ 为格 L 的张量空间。

显然,格 L 是 $\mathrm{span}(L)$ 的子集合,$\mathrm{span}(L)$ 是 R^m 的 n 维子空间。

在线性代数中,线性空间 R^m 的基可以不同,即 R^m 的基不唯一。线性空间 R^m 可以由不同的基构成。下面考虑格上的基。

设 $v_1, v_2, \cdots, v_n \in R^m$ 为格 L 的一组基,同时 $w_1, w_2, \cdots, w_n \in R^m$ 是 L 中的另一组基。由格的定义,可以把 w_1、w_2、$\cdots$、w_n 用格中的基 v_1、v_2、$\cdots$、v_n 表示出来,写成线性组合的形式,即

$$w_1 = a_{11} v_1 + a_{12} v_2 + \cdots + a_{1n} v_n$$
$$w_2 = a_{21} v_1 + a_{22} v_2 + \cdots + a_{2n} v_n$$
$$\vdots$$
$$w_n = a_{n1} v_1 + a_{n2} v_2 + \cdots + a_{nn} v_n$$

由格的定义知道系数 $a_{ij} \in \mathbf{Z}$。下面用矩阵 $\mathbf{A}$ 表示系数。

$$\mathbf{A} = \begin{bmatrix} a_{11}, a_{12}, \cdots, a_{1n} \\ a_{21}, a_{22}, \cdots, a_{2n} \\ \vdots \\ a_{n1}, a_{n2}, \cdots, a_{nn} \end{bmatrix}$$

同理,也可以把 $v_1, v_2, \cdots, v_n$ 用格中的基 w_1、w_2、$\cdots$、w_n 表示出来,即

$$v_1 = b_{11} w_1 + b_{12} w_2 + \cdots + b_{1n} w_n$$
$$v_2 = b_{21} w_1 + b_{22} w_2 + \cdots + b_{2n} w_n$$
$$\vdots$$
$$v_n = b_{n1} w_1 + b_{n2} w_2 + \cdots + b_{nn} w_n$$

其中系数 b_{ij} 也为整数 $\mathbf{Z}$。设矩阵 $\mathbf{B}$ 为系数矩阵。

$$\mathbf{B} = \begin{bmatrix} b_{11}, b_{12}, \cdots, b_{1n} \\ b_{21}, b_{22}, \cdots, b_{2n} \\ \vdots \\ b_{n1}, b_{n2}, \cdots, b_{nn} \end{bmatrix}$$

显然,$\mathbf{BA} = \mathbf{I}$ 为单位矩阵,而且 $\det(\mathbf{B})$ 和 $\det(\mathbf{A})$ 为整数($\det(\cdot)$ 表示为矩阵的行列式),所以 $1 = \det(\mathbf{I}) = \det(\mathbf{BA}) = \det(\mathbf{B})\det(\mathbf{A})$,由此得到 $\det(\mathbf{B}) = \det(\mathbf{A}) = \pm 1$。

定理 10-1 设 v_1、v_2、$\cdots$、v_n 和 w_1、w_2、$\cdots$、w_n 为格 L 的两组基,则存在行列式为 ± 1 的整数矩阵使得通过左乘该矩阵得到另一组基,即两组基可以通过左乘相互转化。

下面以一个简单的例子说明定理 10-1。

例 10-1 考虑 R^2 上的二维格。

设 $v_1 = (1, 2)$、$v_2 = (2, 3)$ 和 $w_1 = (1, 0)$、$w_2 = (0, 1)$。

显然 v_1 和 v_2、w_1 和 w_2 分别是线性无关向量。

且 v_1 和 v_2、w_1 和 w_2 分别生成格 L_1 和 L_2。

$$L_1 = \{a_1 v_1 + a_2 v_2 : a_1, a_2 \in Z\}$$
$$L_2 = \{a_1 w_1 + a_2 w_2 : a_1, a_2 \in Z\}$$

因为

$$\begin{pmatrix} 1,2 \\ 2,3 \end{pmatrix} = \begin{pmatrix} 1,2 \\ 2,3 \end{pmatrix} \begin{pmatrix} 1,0 \\ 0,1 \end{pmatrix}$$

且

$$\det\left(\begin{pmatrix} 1,2 \\ 2,3 \end{pmatrix} \right) = -1$$

所以 L_1 与 L_2 为同一个格。

再设 $u_1 = (1,0)$，$u_2 = (2,3)$，$L_3 = \{a_1 u_1 + a_2 u_2 : a_1, a_2 \in \mathbf{Z}\}$。因为 $\det\left(\begin{pmatrix} 1,0 \\ 2,3 \end{pmatrix} \right) = 3 \neq \pm 1$，所以由 u_1、u_2 生成的格 L_3 与格 L_1 和 L_2 不是同一个格。显然 u_1、u_2 能被 v_1 和 v_2、w_1 和 w_2 表示。同时 v_1 和 v_2、w_1 和 w_2 也能够被 u_1、u_2 表示，但可以验证 v_1 和 v_2、w_1 和 w_2 用 u_1、u_2 表示出来的系数不会全部为整数。

下面从抽象代数的角度考虑一下格。

定理 10-2　设 $v_1, v_2, \cdots, v_n \in R^m$ 是格 L 的一组基。格 L 是线性空间 R^m 的交换的加法子群。

证明： 显然格 L 是线性空间 R^m 的子集。下面证明格 L 满足群定义的 5 个性质。

(1) 封闭性。

格 L 中任意两个元素 a 和 b，则

$$a = a_1 v_1 + a_2 v_2 + \cdots + a_n v_n$$
$$b = b_1 v_1 + b_2 v_2 + \cdots + b_n v_n$$

其中 a_i 和 b_j 为整数。即

$$a + b = (a_1 + b_1) v_1 + (a_2 + b_2) v_2 + \cdots + (a_n + b_n) v_n$$

因为 $v_1, v_2, \cdots, v_n$ 是格 L 的基，a_i 和 b_j 为整数，所以 $a_i + b_i$ 为整数，$a + b$ 为格 L 中的元素，即封闭性成立。

(2) 结合性。

设 a、b、$c \in L$，且 a、b、c 表示如下：

$$a = a_1 v_1 + a_2 v_2 + \cdots + a_n v_n$$
$$b = b_1 v_1 + b_2 v_2 + \cdots + b_n v_n$$
$$c = c_1 v_1 + c_2 v_2 + \cdots + c_n v_n$$

计算

$$(a + b) + c = ((a_1 + b_1) + c_1) v_1 + ((a_2 + b_2) + c_2) v_2 + \cdots + ((a_n + b_n) + c_n)$$
$$= v_n (a_1 + b_1 + c_1) v_1 + (a_2 + b_2 + c_2) v_2 + \cdots + (a_n + b_n + c_n) v_n$$

第二个等号成立是因为整数加群上的结合律成立。

$$a + (b + c) = (a_1 + (b_1 + c_1)) v_1 + (a_2 + (b_2 + c_2)) v_2 + \cdots + (a_n + (b_n + c_n)) v_n$$
$$= (a_1 + b_1 + c_1) v_1 + (a_2 + b_2 + c_2) v_2 + \cdots + (a_n + b_n + c_n) v_n$$

所以 $(a + b) + c = a + (b + c)$，结合性成立。

(3) 单位元。

因为 $0 = 0 v_1 + 0 v_2 + \cdots + 0 v_n \in L$ 且任意元素 $a \in L$，$0 + a = a + 0 = a \in L$。即 0 是格 L 中的单位元。

(4) 逆元。

任意元素 $a \in L, a = a_1 v_1 + a_2 v_2 + \cdots + a_n v_n$,则 $-a = (-a_1) v_1 + (-a_2) v_2 + \cdots + (-a_n) v_n$,为 a 的逆元。

（5）交换性。

设 a、$b \in L$,且 a 和 b 表示如下：

$$a = a_1 v_1 + a_2 v_2 + \cdots + a_n v_n$$
$$b = b_1 v_1 + b_2 v_2 + \cdots + b_n v_n$$

因为

$$a + b = (a_1 + b_1) v_1 + (a_2 + b_2) v_2 + \cdots + (a_n + b_n) v_n$$
$$= (b_1 + a_1) v_1 + (b_2 + a_2) v_2 + \cdots + (b_n + a_n) v_n$$
$$= a + b$$

第二个等号成立是因为整数加群上的交换性成立。所以 L 是线性空间 R^m 的交换的加法子群。

下面给出一个在格中非常有意义的概念。

定义 10-4 设 L 是线性空间 R^m 上的 n 维格,且向量 $v_1, v_2, \cdots, v_n \in R^m$ 是格 L 的一组基。向量集合 $F(L) = \{a_1 v_1 + a_2 v_2 + \cdots + a_n v_n : 0 \leqslant v_n < 1\}$ 称为格 L 的基础区域（也称为基础平行六边形）。

定理 10-3 设向量 $v_1, v_2, \cdots, v_n \in R^m$ 是格 L 的一组基,则对任意元素 $w \in \mathrm{span}(L)$,存在唯一 $t \in F(L)$ 和唯一元素 $v \in L$,满足

$$w = t + v$$

证明：因为向量 $v_1, v_2, \cdots, v_n \in R^m$ 是格 L 的一组基,所以格 L 张量空间 $\mathrm{span}(L)$ 上的任意元素 w 可以表示为

$$a_1 v_1 + a_2 v_2 + \cdots + a_n v_n$$

其中 $a_i \in R$,即

$$w = a_1 v_1 + a_2 v_2 + \cdots + a_n v_n$$

又因为 a_i 可以唯一地表示成整数 b_i 和小数 $c_i (0 \leqslant c_i < 1)$,即

$$a_i = b_i + c_i$$

所以

$$w = a_1 v_1 + a_2 v_2 + \cdots + a_n v_n$$
$$= (b_1 + c_1) v_1 + (b_2 + c_2) v_2 + \cdots + (b_n + c_n) v_n$$
$$= (b_1 v_1 + b_2 v_2 + \cdots + b_n v_n) + (c_1 v_1 + c_2 v_2 + \cdots + c_n v_n)$$

设

$$v = b_1 v_1 + b_2 v_2 + \cdots + b_n v_n$$
$$t = c_1 v_1 + c_2 v_2 + \cdots + c_n v_n$$

且 b_i 和 c_i 唯一,则

$$w = t + v$$

又因为 $t \in F(L)$ 和 $v \in L$,所以定理得证。

注：定理证明中 a_i 可以唯一地表示成整数 b_i 和小数 $c_i (0 \leqslant c_i < 1)$ 作为一个基本事实,如果有兴趣的同学可以通过反证法证明。

从集合和群的角度很容易得到下面的结论。

推论 10-1 设向量 $v_1, v_2, \cdots, v_n \in R^m$ 是格 L 的一组基,则 $\mathrm{span}(L) = \bigcup_{t \in l}(t + F(L))$,且如果 $t_1 \neq t_2$,则 $(t_1 + F(L)) \bigcap (t_2 + F(L))$ 为空集。

推论 10-2 设向量 $v_1, v_2, \cdots, v_n \in R^m$ 是格 L 的一组基,则 $\mathrm{span}(L)/(L) = F(L)$。

下面再给出一个简单定理以便更深入地理解基础区域。

定理 10-4 设 $v_1, v_2, \cdots, v_n \in R^m$ 是格 L 的 n 个线性无关向量,则 v_1、v_2、$\cdots$、v_n 是格 L 的 n 个基的充分必要条件是 $F(L) \bigcap L = \{0\}$。

证明: 假设 $v_1, v_2, \cdots, v_n \in R^m$ 是格 L 的 n 个基。根据格和格的基础区域的定义,格 L 是基的整系数线性组合形成的集合,而格的基础区域是基的系数在区间 $[0,1)$ 的线性组合形成的集合。因此这两个集合的交为

$$\{0v_1 + 0v_2 + \cdots + 0v_n\} = \{0\}$$

反之,假设 $F(L) \bigcap L = \{0\}$,证明 v_1、v_2、$\cdots$、v_n 是格 L 的基。

因为 v_1, v_2、$\cdots$、v_n 是格 L 中线性无关的向量,那么格 L 中的任意点 v 都能用 v_1、v_2、$\cdots$、v_n 线性表示,因此 $v = a_1 v_1 + a_2 v_2 + \cdots + a_n v_n$,且任意 $a_i \in R$。

又因为 $0 \leqslant (a_i - \lfloor a_i \rfloor) < 1$,所以

$$v' = \sum_{i=1}^{n}(a_i - \lfloor a_i \rfloor)v_i \in F(L)$$

且

$$\sum_{i=1}^{n}\lfloor a_i \rfloor v_i \in L, v' = v - \sum_{i=1}^{n}\lfloor a_i \rfloor v_i \in L$$

又因为 $F(L) \bigcap L = \{0\}$,对 $1 \leqslant i \leqslant n, (a_i - \lfloor a_i \rfloor) = 0$,即 a_i 为整数。所以 $v_1, v_2, \cdots, v_n \in R^m$ 是格 L 的 n 个基。

定理 10-4 说明并不是格中任意 n 个线性无关的向量都是该格的基。有兴趣的同学可以证明一下这 n 个线性无关向量构成的格是格 L 的子集(子格)。

结合线性代数和定理 10-1,可以得到如下定理。

定理 10-5 设 $v_1, v_2, \cdots, v_n \in R^m$ 是格 L 的一组基,则格 L 的另外一组基一定通过如下 3 种方式得到。

(1) $v_i := v_i + kv_j$,其中 $k \in \mathbf{Z}$。

(2) v_i 与 v_j 相互交换列的位置。

(3) $v_i := -v_i$。

定义 10-5 设向量 $v_1, v_2, \cdots, v_n \in R^m$ 是格 L 的基。称 $\sqrt{\det(\boldsymbol{V}^{\mathrm{T}}\boldsymbol{V})}$ 为格 L 的行列式,用符号 $\det(L)$ 表示,其中 $\boldsymbol{V}$ 为由基组成的 $m \times n$ 矩阵 $(v_1 v_2 \cdots v_n)$,$\boldsymbol{V}^{\mathrm{T}}$ 表示矩阵 $\boldsymbol{V}$ 的转置。当格 L 是满的时候,即矩阵 $\boldsymbol{V}$ 为方阵,$\det(L) = |\det(\boldsymbol{V})|$。

在格中,格的行列式实际是基础区域的体积。而且对任意格,它的行列式是不变量,也就是说它不随格的基的改变而改变。为了说明方便,使用定义 10-5 的记号把格的基用 $m \times n$ 矩阵表示。结合定理 10-1,得到如下定理。

定理 10-6 格 L 的行列式是常数,不随基的选取而改变。

证明: 设矩阵 $\boldsymbol{V}$ 和 $\boldsymbol{W}$ 是格 L 的两组基,由定理 10-1,存在矩阵 $\boldsymbol{U}$ 满足 $\boldsymbol{V} = \boldsymbol{W}\boldsymbol{U}$,且 $\det(\boldsymbol{U}) = \pm 1$。所以

$$\det(L) = \sqrt{\det(\boldsymbol{V}^{\mathrm{T}}\boldsymbol{V})} = \sqrt{\det(\boldsymbol{U}^{\mathrm{T}}\boldsymbol{W}^{\mathrm{T}}\boldsymbol{W}\boldsymbol{U})} = \sqrt{\det(\boldsymbol{U}^{\mathrm{T}})\det(\boldsymbol{W}^{\mathrm{T}}\boldsymbol{W})\det(\boldsymbol{U})} = \sqrt{\det(\boldsymbol{W}^{\mathrm{T}}\boldsymbol{W})}$$

定理得证。

为了说明格 L 的行列式的大小，先给出向量长度的定义，然后给出 Hadamard 不等式。Hadamard 不等式给出了 L 的行列式的上限。

定义 10-6　设向量 $a=(a_1,a_2,\cdots,a_m)\in R^m$，则 a 的长度 $|a|$ 为 $\sqrt{\sum_{i=1}^{m}a_i^2}$。

定理 10-7(Hadamard 不等式)　设向量 $v_1,v_2,\cdots,v_n\in R^m$ 是格 L 的基，则

$$\det(L)\leqslant|v_1||v_2|\cdots|v_n|$$

如果把格的基 v_1、v_2、$\cdots$、v_n 看为固定长度的向量，显然当任意两个基向量都垂直(正交)的时候，行列式的值最大。此时有

$$\det(\boldsymbol{V}^{\mathrm{T}}\boldsymbol{V})=\sqrt{\det\begin{bmatrix}|v_1|&0\cdots0\\0&|v_2|&\cdots0\\00\cdots&|v_n|\end{bmatrix}_{n\times n}}=|v_1||v_2|\cdots|v_n| \tag{10-1}$$

10.2　正交化

在本章第 3 节将会介绍如果知道格的一组基是两两正交(垂直)的，那么在格中的很多问题都会变得容易。在此先介绍线性代数的基本的正交概念和 Gram-Schmidt 正交化方法。

定义 10-7　设向量 $v,w\in R^m$，如果 $<v,w>=0$，则称 v 与 w 是正交的，其中 $<\cdot,\cdot>$ 表示两个向量的内积。

例 10-2　向量 $a=(2,2.4,1.5)$ 与 $b=(1.2,-1,0)$ 是正交的。

解：因为 $<a,b>=2\times1.2+2.4\times(-1)+1.5\times0=0$，所以 a 与 b 是正交的。

定理 10-8　设 $v_1,v_2,\cdots,v_n\in R^m$ 是两两正交的非零向量，则 v_1、v_2、$\cdots$、v_n 是线性无关的。

证明：根据线性无关的定理，设 $a_1v_1+a_2v_2+\cdots+a_nv_n=0$，那么需要证明所有的 a_i 为 0。

因为

$$0=<a_1v_1+a_2v_2+\cdots+a_nv_n,v_1>=<a_1v_1,v_1>+<a_2v_2,v_1>+\cdots+<a_nv_n,v_1>$$

又因为 $<a_1v_1,v_1>=a_1<v_1,v_1>$。$<v_1,v_1>\neq0$，所以 $a_1=0$。以此类推，所有的 $a_i=0$，即 $a_1=a_2=\cdots=a_n=0$，所以 v_1、v_2、$\cdots$、v_n 是线性无关的。定理得证。

下面给出 Gram-Schmidt 正交化方法。

设序列 $b_1,b_2,\cdots,b_n\in R^m$ 是 n 个线性无关向量，如下 Gram-Schmidt 正交化方法生成序列 $b_1^*,b_2^*,\cdots,b_n^*$。$b_1^*,b_2^*,\cdots,b_n^*$ 是正交的。

(1) 设 $b_1^*=b_1$。

(2) 从 $2\leqslant i\leqslant n$，计算

$$b_i^*=b_i-\sum_{j=1}^{i-1}\mu_{i,j}b_j^*,\quad \mu_{i,j}=\frac{<b_i,b_j^*>}{<b_j^*,b_j^*>}$$

正交化的过程就是把本来两两不正交的向量转换成为两两正交的向量。下面 3 个简单结论留为课后习题。

(1) 对任意的 $i \neq j$，$<b_i^*, b_j^*> = 0$。

(2) 对所有的 $1 \leq i \leq n$，$\mathrm{span}(b_1, b_2, \cdots, b_i) = \mathrm{span}(b_1^*, b_2^*, \cdots, b_i^*)$。

(3) 如果 b_1、b_2、$\cdots$、b_n 是格 L 的一组基，b_1^*、b_2^*、$\cdots$、b_i^* 不一定是格 L 的基。

例 10-3　设 $b_1 = (3,1)$、$b_2 = (1,1)$ 是 R^2 上的线性无关向量，求正交基。

解：

$b_1^* = b_1 = (3,1)$

$b_2^* = b_2 - \mu_{2,1} b_1^* = (1,1) - (3 \times 1 + 1 \times 1)/(3 \times 3 + 1 \times 1)(3,1) = (-1/5, 3/5)$

很容易验证 $<b_1^* b_2^*> = 0$，也很容易验证 b_2^* 不是 b_1 和 b_2 生成的格里面的元素。

下面使用 Gram-Schmidt 正交基给出一个格中短向量长度的下界，该定理表明的格中的最短向量的长度一定大于生成的正交向量的长度的最小值。

定理 10-9　设 $v_1, v_2, \cdots, v_n \in R^m$ 是 n 个线性无关向量，v_1^*、v_2^*、$\cdots$、v_n^* 是 Gram-Schmidt 正交化产生的正交基。如果格 L 是由 v_1、v_2、$\cdots$、v_n 生成，那么对于任意非零向量 $y \in L$，必有

$$|y| \geq \min\{|v_1^*|, |v_1^*|, \cdots, |v_n^*|\} \tag{10-2}$$

证明：设 y 是格 L 中的非零向量，那么存在 $r_i \in \mathbf{Z}$，$1 \leq i \leq n$，满足

$$y = \sum_{i=1}^{n} r_i v_i$$

因为 $y \neq 0$，所以存在 $r_i \neq 0$；设在 $1 \sim n$ 中，满足 $r_i \neq 0$ 指标 i 最大的值为 k，根据 Gram-Schmidt 正交化方法，把 y 用正交基表示为

$$y = \sum_{i=1}^{n} r_i v_i = \sum_{i=1}^{k} r_i \sum_{j=1}^{i} \mu_{ij} v_j^* = \sum_{i=1}^{k} \sum_{j=1}^{i} r_i \mu_{ij} v_j^*$$

交换求和次序，又因为 $\mu_{kk} = 1$，得到

$$y = \sum_{j=1}^{k} \left(\sum_{i=j}^{k} r_i \mu_{ij} \right) v_j^* = r_k v_k^* + \sum_{j=1}^{k-1} c_j v_j^*$$

其中 $c_j \in R$。

因为 v_1^*、v_2^*、$\cdots$、v_n^* 是正交基，所以有

$$|y|^2 = r_k^2 |v_k^*|^2 + \sum_{j=1}^{k-1} c_j^2 |v_j^*|^2$$

因为 $r_i \neq 0$ 且是整数，所以 $|r_i| \geq 1$。故

$$|y|^2 \geq |v_k^*|^2 + \sum_{j=1}^{k-1} c_j^2 |v_j^*|^2$$

因为上述不等式的右边是非负数求和，所以

$$|y|^2 \geq |v_k^*|^2 \geq \min\{|v_1^*|^2, |v_2^*|^2, \cdots, |v_n^*|^2\}$$

不等式两边开方，即得

$$|y| \geq \min\{|v_1^*|, |v_2^*|, \cdots, |v_n^*|\}$$

定理 10-9 表明了正交基中最短的向量比格中任意的向量都要短，当然也比格中最短向量短。这里要注意的是，这并不能说明有求解格中最短向量的有效方法，这是因为在正交化的过程中，产生向量 v_i^* 时需要计算 μ_{ij}，而 μ_{ij} 是整数的可能性很小，所以正交基基本不是格里面的元素。

10.3 格中的困难问题

在前面的章节介绍到,数论中大数分解问题、离散对数问题是困难的,就是针对现在的计算机而言是没法求解的。在格中也有诸多问题,针对现在的计算机也是没法求解的。现在的研究表明,这些问题对未来的量子计算机也是无法求解的。本节就两个简单的困难问题及其相关的知识进行介绍,即最短向量问题和最近向量问题。

定义 10-8(最短向量问题) 在格 L 中计算出一个非零向量,使其长度最短,即找到 $w \in L$,使得 $|w|$ 最小。

定义 10-9(最近向量问题) 设格 L 是线性空间 R^m 的子集,且 w 属于 R^m 而不属于 L,寻找一个向量 $v \in L$,使得 v 最靠近 w,即 $v \in L$,使得 $|w - v|$ 最小。

在定义 10-8 和定义 10-9 中,有可能最短向量与目标向量最近的向量不唯一,只要找到一个,就表明问题得到解决。

下面给出两个简单的例子。由向量 $(2,0,1)$ 和 $(0,2,1)$ 生成的格中,其最短向量有 $(\pm 2, 0, \pm 1)$ 和 $(0, \pm 2, \pm 1)$ 4 个。在由向量 $(0,1)$ 和 $(1,1)$ 生成的格中,格中距离向量 $(1/2, 1/2)$ 最近的点有 $(\pm 0, 0)$、$(1,0)$、$(0,1)$ 和 $(1,1)$ 4 个。

解最短向量问题和最近向量问题都是非常困难的,随着格的维度的增加,它们在计算上就更困难。一个格的最短非零向量到底有多长?这个问题的答案依赖于格的维度和行列式。下面给出 Hermite 定理表明最短向量的上限。

定理 10-10(Hermite 定理) 一个 n 维格 L,一定包括一个非零向量 $v \in L$,满足

$$|v| \leqslant \sqrt{n} \det(L)^{1/n} \tag{10-3}$$

对于给定的维度 n,Hermite 常量 γ_n 是一个最小值,它可以使所有 n 维格 L 都包含非零向量 $v \in L$,并满足

$$|v|^2 \leqslant \gamma_n \det(L)^{2/n} \tag{10-4}$$

上述 Hermite 定理中,Hermite 常量 γ_n 是小于 n 的。在现在已知的研究结果中,在 n 比较小的格中,γ_n 是已知的,即当 $2 \leqslant n \leqslant 8$ 和 $n = 24$ 时,

$$\gamma_2 = \sqrt[2]{\frac{4}{3}}, \quad \gamma_3 = \sqrt[3]{2}, \quad \gamma_4 = \sqrt[4]{4}, \quad \gamma_5 = \sqrt[5]{8},$$

$$\gamma_6 = \sqrt[6]{\frac{64}{3}}, \quad \gamma_7 = \sqrt[7]{64}, \quad \gamma_8 = \sqrt[8]{256}, \quad \gamma_{24} = 4$$

在实际应用中,认为最近向量问题可能比最短向量问题难一点,这是因为最近向量问题可以归约到稍高维度的最短向量问题。这里在最容易的情况下,即两两正交的情况下,给出求解最近向量问题,主要包括求解过程中一些用到的基本原理和方法。

下面先考虑一下由正交基生成的格的最短向量问题。

设 $v_1, v_2, \cdots, v_n \in R^m$ 是格 L 的一组正交基,对格中任意向量

$$y = \sum_{i=1}^{n} a_i v_i$$

其中 $a_i \in \mathbf{Z}, 1 \leqslant i \leqslant n$。

有

$$|y| = \sqrt{\sum_{i=1}^{n} a_i^2 |v_i|^2}$$

所以

$$|y|^2 \geqslant a_i^2 |v_i|^2, \quad 1 \leqslant i \leqslant n$$

同时，当 $a_i = \pm 1$ 和 $a_j = 0, 1 \leqslant j \neq i \leqslant n$ 时，上面不等式中等号成立，即 $y = v_i$。

由上节定理 10-9，有

$$\min_{y \in L}\{y\} = \{v: |v| = \min\{|v_1|, |v_2|, \cdots, |v_n|\}\} \quad (10-5)$$

这就是说，当找到格中的一组正交基，就有求格中最短向量的方法。换句话说，格中最短向量就是正交基中最短的向量。

下面在已知格 L 的正交基的情况下考虑最近向量问题。设 $v_1, v_2, \cdots, v_n \in R^m$ 是格 L 的一组正交基，目标向量 $w \in R^m$ 不是格 L 中的点，求 $v \in L$ 且距离 w 最近。

显然 v 和 w 可以用正交基 $v_1、v_2、\cdots、v_n$ 向量分别线性表示，即

$$v = a_1 v_1 + a_2 v_2 + \cdots + a_n v_n, \quad 其中 \; a_1, a_2, \cdots, a_n \in Z$$
$$w = w_1 v_1 + w_2 v_2 + \cdots + w_n v_n, \quad 其中 \; w_1, w_2, \cdots, w_n \in R$$

所以

$$|v - w| = \sqrt{\sum_{i=1}^{n} (a_i - w_i)^2 |v_i|^2}$$

又因为在上述不等式中，$|v_i|^2 > 0$ 且为常值，$(a_i - w_i)^2 \geqslant 0, 1 \leqslant i \leqslant n$。因此需要对所有的 i，$1 \leqslant i \leqslant n$，满足 $(a_i - w_i)^2$ 的值最小，即 $a_i = \text{Round}(w_i), 1 \leqslant i \leqslant n$，其中 $\text{Round}(w_i)$ 为 w_i 的四舍五入值。

也就是说，如果目标向量为 $w = w_1 v_1 + w_2 v_2 + \cdots + w_n v_n$，那么在格 L 中最靠近目标向量的向量是 $v = \sum_{i=1}^{n} \text{Round}(w_i) v_i$。

上面的所有讨论都是在格 L 是由正交基生成，或者在已知格 L 的一组基，该格中存在一组正交基而且能很容易找到，那么求解最短向量问题和最近向量问题是容易的。但事实上经常面对的是格中不存在一组正交基，所以求解这两个基本问题是困难的。

因此在研究格理论的过程中，应尽量找到一组两两正交或者接近两两正交的基，在这种情况下有很大可能解决最短向量问题或最近向量问题。定义如下 Hadamard 比率来表示基的接近正交的情形。

定义 10-10 对任意格 L 的任意基 $B = \{v_1, v_2, \cdots, v_n\}$，Hadamard 比率为

$$H(B) = \left(\frac{\det(L)}{|v_1| |v_2| \cdots |v_n|}\right)^{1/n} \quad (10-6)$$

显然 $0 < H(B) \leqslant 1$。当 $v_1, v_2, \cdots, v_n$ 越接近两两正交时，$H(B)$ 越接近于 1，当 $v_1, v_2, \cdots, v_n$ 两两正交时，$\det(L)$ 等于 $|v_1| |v_2| \cdots |v_n|$，因此 Hadamard 比率为 1。因此 Hadamard 比率能反映出基的正交情况。

当已知基接近于两两正交时，可以使用 Babai 算法求解最近向量问题。

Babai 算法

输入：基向量 $v_1, v_2, \cdots, v_n \in R^m$，目标向量 w.
输出：距 w 最近的向量 v.

(1) 用基向量 $v_1, v_2, \cdots, v_n$ 把 w 线性表出:
$$w = w_1 v_1 + w_2 v_2 + \cdots + w_n v_n$$
其中 $w_1, w_2, \cdots, w_n \in R$
(2) 对所有 w_i 按照四舍五入的方法取整得 $r_i = \text{Round}(w_i)$.
(3) 返回向量 $r = r_1 v_1 + r_2 v_2 + \cdots + r_n v_n$, 即 $v := r$.

定理 10-11 设 $v_1, v_2, \cdots, v_n \in R^m$ 是格 L 的一组正交基,对任意向量 $w \in R^m$,如果 Hadamard 比率比较大,则 Babai 算法能求解最近向量问题.

例 10-4 设一个二维格 $L \subset R^2$ 的一个基为
$$v_1 = (137, 312)$$
$$v_2 = (215, -187)$$
求格中最接近目标向量 $w = (53172, 81743)$ 的向量。

解:首先使用基向量 v_1 和 v_2 把 w 线性表出
$$w = w_1 v_1 + w_2 v_2$$
即 $w_1 \approx 296.85, w_2 \approx 58.15$。

根据 Babai 算法,求得格中向量 v 为
$$\begin{aligned} v &= \text{Round}(w_1) v_1 + \text{Round}(w_2) v_2 \\ &= 297(137, 312) + 58(215, -187) \\ &= (53159, 81818) \end{aligned}$$

从例 10-4 中可以计算出向量 v 与 w 的距离为 $|v - w| \approx 76.12$,不是很大。而基 v_1 和 v_2 的 Hadamard 比率 $H(v_1, v_2)$ 为
$$\left(\frac{\det(L)}{|v_1||v_2|} \right)^{1/2} \approx 0.977$$

这说明 v_1 与 v_2 接近于正交。

下面考虑同一格和同一目标向量 w,但是格的基不同。只要随机选取的矩阵 U 满足 U 的行列式为 1 就能保证为同一格。设 $U = \begin{bmatrix} 5 & 6 \\ 19 & 23 \end{bmatrix}$,显然 $|U| = 1$,因此
$$\begin{bmatrix} v_1' \\ v_2' \end{bmatrix} = U \begin{bmatrix} v_1 \\ v_2 \end{bmatrix} = \begin{bmatrix} 1975 & 438 \\ 7548 & 1627 \end{bmatrix}$$
即 v_1' 和 v_2' 为格的另一组基。使用例 10-4 中的过程,同样可以求解格中的最近向量问题。用基向量 v_1' 和 v_2' 把 w 线性表出为
$$w = w_1' v_1 + w_2' v_2$$
即
$$w_1' \approx 5722.66, \quad w_2' \approx -1490.34$$

根据 Babai 算法,求得格中向量 v' 为
$$v' = \text{Round}(w_1') v_1' + \text{Round}(w_2') v_2'$$
$$= 5723(1975, 438) + (-1490)(7548, 1627) = (56405, 82444)$$

计算向量 v' 与 w 的距离 $|v' - w| \approx 3308$,这个距离明显比 v 与 w 的距离长。再计算 Hadamard 比率 $H(v_1', v_2')$ 为
$$\left(\frac{\det(L)}{|v_1'||v_2'|} \right)^{1/2} \approx 0.077$$

Hadamard 比率明显小很多,说明 v_1' 和 v_2' 的正交性差。

10.4 高斯约减算法与 LLL 算法

在上节知道,要寻找格中的最短向量或者最近向量,最好能找到一组两两正交的基或者接近两两正交的基。但现实是这些问题是很困难的,因此希望找到比较好的近似算法计算接近两两正交的基。

本节将介绍一个求解最短向量问题重要的约减算法——LLL 算法。1982 年,Lenstra、Lenstra 和 Lovasz 提出了该算法,因此以他们名字的首字母命名。该算法对高维格的效率比较低,但是对低维的格效果还是比较好的。在介绍 LLL 以前,先了解一些高斯提出的解二维格的方法。

要先回忆一下几何中的知识。设 v_1、v_2 是线性空间中的任意两向量,v_1 与 v_2 的夹角为 θ,则

$$\cos\theta = \frac{<v_1, v_2>}{|v_1||v_2|}$$

显然当 v_1 与 v_2 正交,当且仅当 $<v_1, v_2>=0$,即 $\cos\theta=0$。

高斯格基约减算法的基本思想是:在二维格中从一个向量中交替减去另外一个向量的整数倍,直到满足算法中一个特定的条件。设 v_1、v_2 是二维格 $L\subset R^2$ 的基向量,不失一般性,假设 $|v_1|<|v_2|$(如果 $|v_2|<|v_1|$,可以通过交换它们的顺序满足该条件)。然后从向量 v_2 减去 v_1 的整数倍使得 $|v_2|<|v_1|$。根据 Gram-Schmidt 正交化过程知道

$$v_2^* = v_2 - \frac{<v_1, v_2>}{|v_1|^2}v_1$$

其中 v_2^* 与 v_1 是正交的。但是由于 $\frac{<v_1, v_2>}{|v_1|^2}$ 不一定是整数,所以 v_2^* 可能不是格中的点。因此这里介绍高斯格基约减算法。

输入:二维格 $L\subset R^2$ 的一组基向量 v_1 和 v_2.
输出:一组接近正交的基向量.
(1) 循环;
(2) 如果 $|v_2|<|v_1|$,交换 v_1 和 v_2;
(3) 计算 $l = \text{Round}\left(\frac{<v_1, v_2>}{|v_1|^2}\right) = \left\lfloor \frac{<v_1, v_2>}{|v_1|^2} + \frac{1}{2} \right\rfloor$;
(4) 如果 $l=0$,则返回基向量 v_1 和 v_2;
(5) 反之,设 $v_2 := v_2 - lv_1$;
(6) 继续循环.

高斯证明了该算法可以在有限步结束,并且能得到比较接近于正交的基。更准确地说,当算法结束时,向量 v_1 是格 L 中最短的向量,因此该算法能很好地解决格中最短向量问题。另外,因为算法结束时,$l=0$,即

$$-\frac{1}{2} \leqslant \frac{<v_1, v_2>}{|v_1|^2} \leqslant \frac{1}{2}$$

向量 v_1 与 v_2 的夹角 θ 满足

$$|\cos\theta| = \frac{|<v_1,v_2>|}{|v_1||v_2|} = \frac{|<v_1,v_2>|}{|v_1|^2}\frac{|v_1|}{|v_2|} \leqslant \frac{|v_1|}{2|v_2|}$$

也就是说 $\frac{\pi}{3} \leqslant \theta \leqslant \frac{2\pi}{3}$。

定理 10-12 设 v_1 和 v_2 是二维格 $L \subset R^2$ 的一组基向量,高斯算法最后求出的向量 v_1' 是格中最短向量。

证明: 设 v_1 和 v_2 是二维格 $L \subset R^2$ 的一组基向量,高斯算法求出的基向量为 v_1' 和 v_2'。

因为格 L 中任意非零向量 w 都可以用 v_1' 和 v_2' 线性表示,即

$$w = xv_1' + yv_2'$$

则

$$
\begin{aligned}
|w|^2 &= |xv_1' + yv_2'|^2\\
&= x^2|v_1'|^2 + 2xy<v_1',v_2'> + y^2|v_2'|^2\\
&\geqslant x^2|v_1'|^2 - 2|xy<v_1',v_2'>| + y^2|v_2'|^2\\
&\geqslant x^2|v_1'|^2 - |xy||v_1'|^2 + y^2|v_2'|^2 (因为算法中要求 2|<v_1',v_2'>| \leqslant |v_1'|^2)\\
&\geqslant (x^2 - |xy| + y^2)|v_1'|^2 (因为 |v_2'| \geqslant |v_1'|)\\
&= ((x - 1/2y)^2 + 3/4y^2)|v_1'|^2
\end{aligned}
$$

在式子 $(x-1/2y)^2 + 3/4y^2$ 中,当 $x=y=0$ 时,$(x-1/2y)^2 + 3/4y^2 = 0$。又因为 w 为格中的非零向量,所以 x 和 y 不能同时为 0,且为整数。所以 $(x-1/2y)^2 + 3/4y^2 = x^2 - |xy| + y^2$ 为大于 0 的整数,即大于等于 1;也就是说 $|w| \geqslant |v_1'|$。由 w 的任意性,得向量 v_1' 是格中最短向量。

例 10-5 设 $v_1 = (66\,586\,820, 65\,354\,729)$、$v_2 = (6\,513\,996, 6\,393\,464)$ 是二维格 L 的一组基向量,利用高斯格基约减算法求约减基。

解:

第 1 步:在欧式空间中计算两个向量的长度,发现 v_1 比 v_2 长,交换两个向量,得
$v_1 = (6\,513\,996, 6\,393\,464)$,$v_2 = (66\,586\,820, 65\,354\,729)$。

第 2 步:根据高斯约减算法从向量 v_2 中减去 v_1 的整数倍。计算

$$l = \mathrm{Round}\left(\frac{<v_1,v_2>}{|v_1|^2}\right) = \mathrm{Round}(10.22) = 10$$

得到 $v_2 = (1\,446\,860, 1\,420\,089)$。

第 3 步:重新计算向量 v_2 的长度,它不比向量 v_1 短,因此交换 v_1 和 v_2,得到
$v_1 = (1\,446\,860, 1\,420\,089)$,$v_2 = (6\,513\,996, 6\,393\,464)$。

第 4 步:重复上面两步,计算

$$l = \mathrm{Round}\left(\frac{<v_1,v_2>}{|v_1|^2}\right) = \mathrm{Round}(4.50) = 5$$

则得到

$$v_2 = (-720\,304, -706\,981)$$

反复上述过程,最终得到 $v_1 = (2280, -1001)$,$v_2 = (-1324, -2376)$。

可以验证求出的两向量的夹角的余弦就能发现它们比较接近正交了。

高斯格基约减算法只在二维格中是求最短向量比较好的算法。随着格的维数的增加,

该方法就不可行了。1982 年,根据 Lagrange、Guass、Hermite、Korkine-Zolotareff 等的二次型理论及 Minkovski 的数的几何理论,Lenstra、Lenstra 和 Lovasz 提出了著名的 LLL 算法。该算法在求解格的最短向量方面是一个重要的突破。

给定格 L 的一组基 $b_1, b_2, \cdots, b_n \in R^m$,对其进行约减。约减的目的是将给定的基进行转化,使其接近正交并且使得这组基尽可能的短。Gram-Schmidt 正交化方法生成序列 b_1^*、b_2^*、$\cdots$、b_n^*,其中 $b_1^* = b_1, 2 \leqslant i \leqslant n, b_i^* = b_i - \sum_{j=1}^{i-1} \mu_{i,j} b_j^*, \mu_{i,j} = \frac{<b_i, b_j^*>}{<b_j^*, b_j^*>}$。向量 b_1^*、b_2^*、$\cdots$、b_n^* 是两两正交的,但是它不是格 L 的基向量,这是因为 $\mu_{i,j}$ 可能不全是整数。下面给出 LLL 算法需要满足的条件。

定义 10-11(δ-LLL 约减基)　假设格 L 的一组基 $b_1, b_2, \cdots, b_n \in R^m$,如果它们满足下面两个条件:

(1) 对任意的 i、$j, 1 \leqslant i \leqslant n, j < i$,满足 $|\mu_{i,j}| \leqslant 1/2$;

(2) 对任意的 $i, 1 \leqslant i < n$,满足 $\delta |b_i^*|^2 \leqslant |\mu_{i+1,i} b_i^* + b_{i+1}^*|^2$。

那么基向量 $b_1, b_2, \cdots, b_n$ 称为 δ-LLL 约减基。

事实上,δ-LLL 约减基的定义还有其他等价定义,而且设 $1/4 < \delta < 1$。为了研究和计算方便、有效,经常设 $\delta = 3/4$。下面再给出一个等价的定义。

定义 10-12　如果格 L 的一组基 $b_1, b_2, \cdots, b_n \in R^m$ 满足:

(1) 同定义 10-11 的条件(1);

(2) 对任意的 $i, 1 \leqslant i < n$,满足 $(\delta - \mu_{i+1,i}^2) |b_i^*|^2 \leqslant |b_{i+1}^*|^2$。

那么基向量 $b_1, b_2, \cdots, b_n$ 称为 δ-LLL 约减基。尤其当 $\delta = 3/4$ 时,可以再把条件(2)改为

$$(3/4 - \mu_{i+1,i}^2) |b_i^*|^2 \leqslant |b_{i+1}^*|^2$$

定理 10-13　定义 10-11 和定义 10-12 是等价的。

证明: 由于对任意的 $i, 1 \leqslant i < n, b_i^*$ 和 b_{i+1}^* 是正交的,所以

$$|\mu_{i+1,i} b_i^* + b_{i+1}^*|^2 = |\mu_{i+1,i} b_i^*|^2 + |b_{i+1}^*|^2 = \mu_{i+1,i}^2 |b_i^*|^2 + |b_{i+1}^*|^2$$

也即是说

$$\delta |b_i^*|^2 \leqslant |\mu_{i+1,i} b_i^* + b_{i+1}^*|^2$$

的充分必要条件是

$$(\delta - \mu_{i+1,i}^2) |b_i^*|^2 \leqslant |b_{i+1}^*|^2$$

因此定义 10-11 与定义 10-12 是等价的。

下面介绍 LLL 算法的伪代码。

输入:格 L 基 $b_1, b_2, \cdots, b_n$.
输出:格 $L\,\delta$-LLL 约减基.
　　开始步骤:计算 Gram-Schmidt 正交基 $b_1^*, b_2^*, \cdots, b_n^*$.
　　约减步骤:从 $i = 2 \sim n$ 执行
　　　　　　从 $j = (i-1) \sim 1$ 执行
　　　　　　　　　　$b_i := b_i - c_{i,j} b_j,$　　其中 $c_{i,j} = \text{Round}(\mu_{i,j})$
　　交换步骤:如果 $\exists\, i$ 满足 $(\delta - \mu_{i+1,i}^2) |b_i^*|^2 \leqslant |b_{i+1}^*|^2$,那么执行 b_i 和 b_{i+1} 互换。
　　回到开始步骤:输出 $b_1, b_2, \cdots, b_n$.

(1) 在算法执行过程中,Gram-Schmidt 正交基 b_1^*、b_2^*、$\cdots$、b_n^* 只是中间值,是在约减步

信息安全数学基础教程(第 2 版)

骤计算 b_i 和交换步骤的判断语句中使用。

(2) 在算法的计算过程中,正交基 b_1^*、b_2^*、$\cdots$、b_n^* 不是固定不变的,随着 b_1、b_2、$\cdots$、b_n 的变化和循环的开始,正交基 b_1^*、b_2^*、$\cdots$、b_n^* 也发生了改变。向量基 b_1、b_2、$\cdots$、b_n 值的变化和顺序的变化都能引起 b_1^*、b_2^*、$\cdots$、b_n^* 的变化。

(3) 设 $M=\max\{n,\log(\max_i|b_i|)\}$,那么算法总是在 $\text{poly}(M)$ 时间内终止,其中 $\text{poly}(M)$ 为整序数多项式。

(4) 算法输出的结果与输入的基向量的顺序紧密相关,随着输入向量基 b_1、b_2、$\cdots$、b_n 的输入顺序的变化,也发生变化。比如同样的基 $\{b_1,b_2,\cdots,b_n\}$,输入 b_1、b_2、$\cdots$、b_n 和 b_2、b_1、b_3、$\cdots$、b_n 其输出基本会不同的。

例 10-6 下面以一个 3 维格为例说明,设 $b_1=(1,1,1)$,$b_2=(-1,0,2)$,$b_3=(3,5,6)$。则设 $\delta=3/4$,输出的 3/4-LLL 约减基为

$$b_1=(0,1,0), \quad b_2=(1,0,1), \quad b_3=(-1,0,2)$$

例 10-7 以一个 6 维格为例说明,下面用矩阵表示格的基

$$A=\begin{bmatrix} 19 & 2 & 32 & 46 & 8 & 33 \\ 15 & 42 & 11 & 0 & 3 & 24 \\ 43 & 15 & 0 & 24 & 4 & 16 \\ 20 & 44 & 44 & 0 & 18 & 15 \\ 0 & 48 & 35 & 16 & 31 & 31 \\ 48 & 33 & 32 & 9 & 1 & 29 \end{bmatrix}$$

矩阵中的 6 个行向量为格的一组基,可以简单地计算它们的长度,发现第 2 行行向量的长度为 51.91 最短,同时计算格的 Hadamard 比率为 0.46908,这说明已知格的基向量正交性比较差。

设 $\delta=3/4$,使用 LLL 算法后,得到输出为

$$B=\begin{bmatrix} 7 & -12 & -8 & 4 & 19 & 9 \\ -20 & 4 & -9 & 16 & 13 & 16 \\ 5 & 2 & 33 & 0 & 15 & -9 \\ -6 & -7 & -20 & -21 & 8 & -12 \\ -10 & -24 & 21 & -15 & -6 & -11 \\ 7 & 4 & -9 & -11 & 1 & 31 \end{bmatrix}$$

在 LLL 约减基中,最短向量为 26.739,明显比原始的基短,且 Hadamard 比率为 0.88824,这说明格的基向量有更好的正交性。同时 $\det(A)=\det(B)$。

LLL 算法是格理论里面的经典算法,它还有很多变形,在此就不再介绍了,有兴趣的同学可以参考相关的文献和书籍。

习题 10

题 10-1 向量 $(1,0)$、$(0,1)$ 生成的格与向量 $(2012,1)$、$(2013,1)$ 生成的格是同一个格吗? 为什么? 与 $(1,1)$、$(0,2)$ 呢?

题 10-2 证明 R^n 的一个子集是格的充分必要条件是这个子集是离散加法子群。

题 10-3　设格 L 是满的整数格,证明 $\det(L)Z^n \subseteq L$。

题 10-4　设 $L \subset R^2$ 是一个由向量 $b_1 = (213, -437)$,$b_2 = (312, 105)$ 生成的格。设 $w = (43217, 11349)$。

(1) 使用 Babai 算法找出距向量 w 最近的向量 v,并计算 $|w-v|$。

(2) 计算 Hadmard 比率。

(3) 说明 $v_1 = (2937, -1555)$,$v_2 = (11223, -5888)$ 同样是 L 的一组基。找出 b_1 和 b_2 与 v_1 和 v_2 之间的转化矩阵,并验证它们的行列式的绝对值为 1,且矩阵是整数矩阵。

(4) 对于基向量 v_1、v_2,使用 Babai 算法找出距向量 w 最近的向量 v,并计算 $|w-v|$。

题 10-5　对给定基的二维格,使用高斯格约减算法求解最短向量问题。

(1) $b_1 = (123, -235)$,$b_2 = (12, 15)$。

(2) $b_1 = (174\ 748\ 650, 45\ 604\ 579)$,$b_2 = (257\ 834\ 591, 1\ 604\ 583)$。

(3) $b_1 = (2\ 915\ 384\ 702, -247\ 377\ 843)$,$b_2 = (936\ 132\ 572, 290\ 351\ 836)$。

题 10-6　利用 LLL 算法,对如下基向量进行约减,写出步骤。

$$b_1 = (20, 16, 3),\quad b_2 = (15, 0, 10),\quad b_3 = (0, 18, 9)$$

参 考 文 献

[1] 许春香,周俊辉.信息安全数学基础.成都:电子科技大学出版社,2008.

[2] 聂旭云,廖永建.信息安全数学基础.北京:科学出版社,2013.

[3] 张禾瑞.近世代数基础(1978 年修订本).北京:人民教育出版社,1978.

[4] 肖国镇.编码理论.北京:国防工业出版社,1993.

[5] 聂灵沼,丁石孙.代数学引论.北京:高等教育出版社,1988.

[6] N. Jacobson 著.基础代数,第一卷,第一分册.上海师范大学数学系代数教研室译.北京:高等教育出版社,1987.

[7] 盛德成.抽象代数.北京:科学出版社,2000.

[8] 闵嗣鹤,严士健.初等数论.三版.北京:高等教育出版社,2003.

[9] 潘承洞,潘承彪.初等数论.二版.北京:北京大学出版社,2003.

[10] 柯召,孙琦.数论讲义.二版.北京:高等教育出版社,2001.

[11] 陈恭亮.信息安全数学基础.北京:清华大学出版社,2004.

[12] 谢敏.信息安全数学基础.西安:西安电子科技大学出版社,2006.

[13] Rosen,K. H. 初等数论及其应用.5 版.北京:机械工业出版社,2005.

[14] 周福才,徐剑.格理论与密码学.北京:科学出版社,2013.

[15] Murray R. Bremner. Lattice Basis Reduction-an Introduction to the LLL Algorithm and its Application. CRC Press,2011.

[16] 胡冠章,王殿军.应用近世代数.3 版.北京:清华大学出版社,2010.

[17] 冯登国,等.信息安全中的数学方法与技术.北京:清华大学出版社,2009.